W0264329

iit-Themenband

DIGITALISIERUNG

Volker Wittpahl • Herausgeber

iit-Themenband

DIGITALISIERUNG

Bildung | Technik | Innovation

 Springer Vieweg

OPEN

Herausgeber
Volker Wittpahl
Institut für Innovation und Technik (iit)
in der VDI/VDE Innovation + Technik GmbH
Berlin, Deutschland

ISBN 978-3-662-52853-2   ISBN 978-3-662-52854-9 (eBook)
DOI 10.1007/978-3-662-52854-9

Die Deutsche Nationalbibliothek verzeichnet diese Publikation in der Deutschen Nationalbibliografie; detaillierte bibliografische Daten sind im Internet über http://dnb.d-nb.de abrufbar.

Springer

© Der/die Herausgeber bzw. der/die Autor(en) 2016. Dieses Buch ist eine Open-Access-Publikation
OpenAccess. Dieses Buch wird unter der Creative Commons Namensnennung 4.0 International Lizenz (http://creativecommons.org/licenses/by/4.0/deed.de) veröffentlicht, welche die Nutzung, Vervielfältigung, Bearbeitung, Verbreitung und Wiedergabe in jeglichem Medium und Format erlaubt, sofern Sie den/die ursprünglichen Autor(en) und die Quelle ordnungsgemäß nennen, einen Link zur Creative Commons Lizenz beifügen und angeben, ob Änderungen vorgenommen wurden.
Etwaige Abbildungen oder sonstiges Drittmaterial unterliegen ebenfalls der genannten Creative Commons Lizenz, sofern sich aus der Abbildungslegende oder der Quellreferenz nichts anderes ergibt. Sofern solches Drittmaterial nicht unter der genannten Creative Commons Lizenz steht, ist eine Vervielfältigung, Bearbeitung oder öffentliche Wiedergabe nur mit vorheriger Zustimmung des betreffenden Rechteinhabers oder auf der Grundlage einschlägiger gesetzlicher Erlaubnisvorschriften zulässig.
Die Wiedergabe von Gebrauchsnamen, Handelsnamen, Warenbezeichnungen usw. in diesem Werk berechtigt auch ohne besondere Kennzeichnung nicht zu der Annahme, dass solche Namen im Sinne der Warenzeichen- und Markenschutz-Gesetzgebung als frei zu betrachten wären und daher von jedermann benutzt werden dürften.
Der Verlag, die Autoren und die Herausgeber gehen davon aus, dass die Angaben und Informationen in diesem Werk zum Zeitpunkt der Veröffentlichung vollständig und korrekt sind. Weder der Verlag, noch die Autoren oder die Herausgeber übernehmen, ausdrücklich oder implizit, Gewähr für den Inhalt des Werkes, etwaige Fehler oder Äußerungen.

Gedruckt auf säurefreiem und chlorfrei gebleichtem Papier

Springer ist Teil von Springer Nature
Die eingetragene Gesellschaft ist „Springer-Verlag GmbH Berlin Heidelberg"

Vorwort

Seit mehr als zwanzig Jahren befinden wir uns in einem beschleunigten gesellschaftlichen Wandel, der auf globaler, nationaler und individueller Ebene nachhaltig unser Leben verändert. Die Beschleunigung ist ausgelöst durch die Automation und Digitalisierung, welche sich wechselseitig noch verstärken. Gemeinhin wird dies als die vierte industrielle Revolution bezeichnet, die im Alltag wie auch in der Wirtschaft zu dramatischen Veränderungen geführt hat. So hat die Digitalisierung noch im ausgehenden 20. Jahrhundert innerhalb weniger Jahre Branchen, wie die Schreibmaschinenindustrie, vollständig ausgelöscht und andere massiv umstrukturiert, wie im Mediensektor die Foto-, Musik- oder Filmindustrie. Die Umwandlungsprozesse haben aber nicht nur produzierende Branchen erfasst, sondern auch Dienstleistungsbereiche wie den Versandhandel oder Vermittlungsdienste – ob für Reisen, Immobilien oder sogar Partnerschaften. Unter dem Schlagwort eGovernment hält die Digitalisierung seit einigen Jahren auch in den öffentlichen Verwaltungen Einzug.

Die technischen Treiber der Digitalisierung sind im Hardware-Bereich nach wie vor die Elektronik und Mikrosystemtechnik mit ihrer fortschreitenden Integration von Prozessor-, Speicher-, Sensor- und Aktor-Komponenten, die zu einer Miniaturisierung mit kontinuierlich wachsender Systemintegration bei gleichzeitig fallenden Kosten führen. Im Kommunikationsbereich werden die Entwicklungen zur Echtzeit-Vernetzung weiter vorangetrieben, ob als breitbandige Datenautobahnen, Funkübertragungswege oder Sensornetze. Im Software-Bereich kommen immer intelligentere Algorithmen zum Einsatz, die zum Teil die Echtzeitdatenverarbeitung von komplexen Steuerungsaufgaben erlauben oder die gezielte Analyse riesiger Datenbestände ermöglichen.

Der Wandel der Gesellschaft durch die Digitalisierung ist im vollen Gang und seine Ziele ebenso wie auch sein Endpunkt noch nicht konsequent bis zum Ende durchdekliniert. Eine Umkehr oder ein Abrücken von der Digitalisierung sind nicht mehr denkbar. Durch die technischen Entwicklungen werden momentan Anwendungspotenziale eröffnet, deren Umfang aktuell weder die Entwickler noch die Anwender in ihrer vollen Konsequenz absehen können. Dies gilt nicht nur für die technischen oder wirtschaftlichen Perspektiven, sondern für die ganze Gesellschaft.

Der Gründer des World Economic Forum (WEF) in Davos, Klaus Schwab, hat es in einem Interview[1] treffend auf den Punkt gebracht: Diese vierte industrielle Revolution ist keine Produktrevolution, sondern eine Systemrevolution, bei der bisher noch niemand über die Langzeitkonsequenzen nachdenkt. Seine Forderung lautet: Wenn wir nicht von der Technologie dominiert werden wollen, so müssen wir eine menschlichere Gesellschaft werden. Wenn alles gut geht, steht seiner Meinung nach am Ende dieser industriellen Revolution die Grundlage für eine neue menschliche Renaissance. Treffend bringt Schwab in diesem Interview zum Ausdruck, was wir beim Gestalten des digitalen Wandels zu beherzigen haben:

„Wenn man bedenkt, was das menschliche Wesen ausmacht, so ist es Verstand, Seele und Herz. Was wir in einem Apparat replizieren können ist Verstand. Aber man wird niemals das Herz replizieren, das für Leidenschaft und Mitgefühl steht. Wie auch nicht die Seele, die uns ermöglicht, an etwas zu glauben. Der Apparat wird nie die Fähigkeit besitzen an etwas zu glauben."

Um den Anschluss oder mögliche Chancen nicht zu verpassen, wirkt so mancher Entscheider aus der Wirtschaft oder der Politik eher wie ein Getriebener denn wie ein Gestaltender. Vielfach ist das Denken noch stark im 20. Jahrhundert und in der dritten industriellen Revolution verhaftet, was sich an Begrifflichkeiten wie auch dem Erhalt des Status quo zeigt. Gestaltungsansätze wie das Übertragen von tradierten Geschäftsmodellen auf die neue digitale Wirklichkeit sind zum Scheitern verurteilt: Das hat uns die bisherige Erfahrung im 21. Jahrhundert gezeigt.

Welche dramatischen Veränderungen sich in den Arbeits-, Alltags- und Bildungs-/Lernwelten abspielen, erahnt fast jeder heutzutage. Dass diese Veränderungen am Ende des Wandels unser gesamtes Gesellschaftssystem auf den Kopf stellen werden, ist noch nicht allen Entscheidern und Betroffenen in ganzer Konsequenz bewusst geworden. Derzeit ist alles im Wandel und die Entwicklungen sind fließend, sodass Erkenntnisse und Annahmen zur Digitalisierung aus den letzten Jahren zum Teil schon obsolet sind. Wem sagen Begriffe wie MHP oder Second Life heute noch etwas? Wenn der gesellschaftliche Wandel ein Wind ist, dann ist die Digitalisierung ein Orkan, durch den wir uns alle gerade bewegen.

Für Designer und Entscheider gilt das Motto: „Wer nicht gestaltet, wird gestaltet!" Zur Entscheidungsfindung müssen manche Akteure vom kurzfristigen Reagieren

---

[1] *Time Magazine, 14 January, 2016, 7 Questions With Klaus Schwab by Michael Duffy "If you think about what a human being is, we exist because of brains, soul, heart. What we can replicate in a robot is the brain. But you never will replicate the heart, which is passion, compassion. And the soul, which enables us to believe. The robot will never have the ability to believe in something."*

wieder zum aktiven, nachhaltigen Gestalten gelangen. Aber wie sollen Entscheider nachhaltig handeln, ohne eine Entscheidungsgrundlage zu haben, die für die kommenden Jahre des digitalen Wandels Bestand hat? Für eine fundierte Entscheidungsgrundlage ist neben einem technischen Verständnis für Chancen und Risiken auch ein Verständnis für die nachhaltigen Konsequenzen unser aller Handelns wie auch Nichthandelns notwendig. Eine gute Basis zur Entscheidungsfindung sind Methoden basierend auf Foresight-Strategien wie Szenario-Methoden gepaart mit Technology-Roadmapping.

Der vorliegende iit-Themenband „Digitalisierung" kann und will nicht die Digitalisierung mit all ihren Konsequenzen erklärend darstellen. Vielmehr werden Fragen aufgeworfen, die in der Eile der aktuellen Entwicklungen so nicht gestellt werden, und es werden mögliche Konsequenzen der Digitalisierung aus neuen Blickwinkeln aufgezeigt. Ausgewählte Aspekte unterschiedlicher Bereiche werden schlaglichtartig gestreift, um dem Leser Anregungen und Denkanstöße zu geben.

Mit dem Themenband „Digitalisierung" lädt das iit den Leser ein, innezuhalten und sich für die Gestaltung der Zukunft inspirieren zu lassen.

Bedanken möchte ich mich ganz herzlich für die redaktionelle Unterstützung bei Wenke Apt, Lorenz Hornbostel, Stefan Krabel, Hannes Kurtze, Steffen Wischmann und Wiebke Ehret.

Wir wünschen Ihnen viel Spaß bei der Lektüre und freuen uns, wenn die Beiträge Sie anregen und inspirieren. Inspirationen sind der Start für Innovationen und diese machen bekanntlich Arbeit. Bei Ihrer gestaltenden Arbeit im digitalen Wandel unterstützen wir Sie gerne mit all unserer Erfahrung und unserem Wissen. Auch freuen wir uns auf Ihre Rückmeldungen zu unseren Beiträgen.

Berlin,   Prof. Dr. Volker Wittpahl
Mai 2016   iit-Institutsleiter

Die Original-Version dieses Buches wurde korrigiert.
Ein Erratum finden Sie unter DOI 10.1007/978-3-662-52854-9_5

Inhaltsverzeichnis

NEUER UMGANG MIT DIGITALEN DATEN

Zwischen Selbstbestimmung, Freiheit und Verantwortung

—

Effizienz in der Datenaufbereitung

V. Wittpahl (Hrsg.), *Digitalisierung*,
DOI 10.1007/978-3-662-52854-9_1, © Der/die Autor(en) 2016

Quellenangaben: Anhang, 4.2 Quellenverzeichnisse der Zahlen und Fakten

2019 wird der mobile Datenverkehr in Deutschland monatlich ein Volumen von **259,8 Petabyte** *erreichen – das entspricht etwa* **272 Millionen Gigabyte**. *Datensicherheit ist für insgesamt* **78 Prozent** *der Unternehmen bei der Nutzung von Cloud Computing ein Risikofaktor.* **64.426 Fälle** *von Cyberkriminalität zählte das BKA 2013 in Deutschland. Die Datenmenge, die im Jahr 2020 weltweit erstellt, vervielfältigt und konsumiert wird, wird auf etwa* **40 Zettabytes** *geschätzt. Das Speichervolumen eines menschlichen Gehirns wird auf* **2,5 Petabyte** *geschätzt. Nur* **44 Prozent** *des Webtraffics gehen direkt auf menschliche Aktivitäten zurück.*

1 Zetta = 1.000.000 Peta = 1.000.000.000 Tera = 1.000.000.000.000 Giga

ZWISCHEN SELBSTBESTIMMUNG, FREIHEIT UND VERANTWORTUNG

Die Chance der digitalen Souveränität

Joachim Lepping, Matthias Palzkill

—

IT-Sicherheit und Nutzer: Chancen und Risiken in der Digitalisierung

Stefan G. Weber

1.1.1 Die Chance der digitalen Souveränität

Joachim Lepping, Matthias Palzkill

Durch die zunehmende Vernetzung aller Lebensbereiche steigt die Abhängigkeit von digitalen Infrastrukturen, mit denen Bürgerinnen und Bürger täglich in Interaktion treten. Angeboten werden diese Infrastrukturen vorrangig von internationalen Konzernen, die so dynamisch agieren können, dass sie sich in wirtschaftlicher und datenschutzrechtlicher Hinsicht künftig nationalstaatlichen Regulierungen entziehen. Daher ist zum einen das souveräne Handeln der einzelnen Bürgerinnen und Bürger bedroht. Zum anderen sieht sich eine digitalisierte Industrie durch zunehmende Angriffe und verstärkte Abhängigkeiten von internationalen Technologielieferanten in ihren Handlungsoptionen eingeschränkt. Der vorliegende Beitrag erläutert Maßnahmen zur Stärkung der Souveränität Deutschlands und Europas auf individueller, organisationaler und gesellschaftlicher Ebene. Darüber hinaus werden die durchaus zahlreich vorhandenen Potenziale und Chancen für die Bewahrung der digitalen Souveränität Deutschlands aufgezeigt.

Gibt es heute Abend noch freie Plätze in der Oper? Ist der aktuelle Dave Eggers-Bestseller momentan in der Stadtbibliothek verfügbar? Wann wird mein Paket geliefert? Wo finde ich in der Altstadt gerade einen freien Parkplatz, und wie gelange ich am schnellsten dorthin? Diese und ähnliche Alltagsfragen werden zunehmend durch digital vernetzte und gesteuerte Systeme beantwortet. Social-Media-Plattformen, Onlinebanking, individualisierte Produktion bis hin zu telemedizinischen Anwendungen zeigen:

Die Digitalisierung der Gesellschaft ist bereits Realität und Daten sind der digitale Treibstoff, der diesen weltweiten Dienstebetrieb in Gang hält.

Der Begriff „Digitale Souveränität" beschreibt einen Zustand im Spannungsfeld von Fremdbestimmtheit und Autarkie über Erhebung, Übertragung, Verarbeitung und Speicherung von Daten (Abbildung 1.1.1.1: Ebenen der digitalen Souveränität). Hierbei gilt es abzuwägen, welches Maß an Selbstbestimmung im Einzelfall gewünscht, sinnvoll oder möglich ist. Nur so gelingt der notwendige Spagat zwischen Gesetzgebung und technischen Aspekten. Letztlich geht es in der immer lebhafter werdenden Debatte um nichts weniger als die Neuverhandlung der Machtgrenzen zwischen Staaten, ihren Bürgern und einer globalisierten Wirtschaft. Im Mittelpunkt muss hierbei die Frage stehen, welchen unaufhaltsamen Gesetzmäßigkeiten die Digitalisierung unter-

Abbildung 1.1.1.1: Ebenen der digitalen Souveränität

liegt und welche Gestaltungsmöglichkeiten, Handlungsspielräume und wirtschaftlichen Chancen sich aus dem Ziel der Schaffung von digitaler Souveränität ergeben.

Die digitale Welt von heute

Durch die zunehmende Vernetzung nahezu aller Lebensbereiche werden Bürgerinnen und Bürger stetig abhängiger von digitalen Infrastrukturen, Dienstleistungen, Endgeräten und Datenquellen, mit denen sie täglich interagieren. Dabei reizt vor allem das erhebliche Potenzial zur Effektivitäts- und Effizienzsteigerung, welches die Digitalisierung in allen Lebensbereichen bietet. Ebenso eröffnen sich individuelle Handlungsmöglichkeiten, die vormals – wenn überhaupt – nur großen Organisationen mit erheblichem Aufwand vorbehalten waren. Hierzu zählen gestalterische Möglichkeiten wie die Verbreitung von Informationen, aber auch zerstörerische Handlungen wie Manipulationen oder Datendiebstahl.

Geschwindigkeit und Ausmaß digitaler Transformationen führen naturgemäß zu disruptiven Veränderungen, welche sowohl Aufbruchsstimmung als auch Abschottungswünsche hervorbringen. Daher ist es wichtig, die zugrundeliegende Gesetzmäßigkeit in diesem Rahmen zu verdeutlichen: Die Digitalisierung folgt dem Bacon'schen Diktum „Wissen ist Macht". In der Folge sind, wie von Bundeskanzlerin Merkel betont, „Daten der Rohstoff des 21. Jahrhunderts" und somit in einer zukunftsfähigen Produktion (Industrie 4.0) das zentrale Element, um Optimierungen und damit Profitmaximierung zu erreichen (CeBIT 2016). Das Nutzen möglichst vieler Daten zur Erzielung höherer Unternehmensgewinne folgt dabei dem Grundprinzip einer marktwirtschaftlichen Wirtschaftsordnung. Es gilt sich darüber im Klaren zu sein, dass der Handel mit Daten auch in weiter Zukunft noch unser wirtschaftliches Handeln stark bestimmen wird.

Technologische Fremdbestimmtheit

Wesentliche Bestandteile der digitalen Transformation sind die weltweite Verbreitung leistungsstarker vernetzter Endgeräte sowie der Ausbau leistungsstarker Netzwerke und Ressourcen-Infrastrukturen. Problematisch jedoch ist, dass die Schnittstellen von Endgeräten wie Smartphones oder Tablets sowie die bereitgestellten Dienstleistungen hinsichtlich Datenerfassung bzw. -nutzung durch einzelne Nutzerinnen und Nutzer nur unzureichend beherrscht werden. Gleichzeitig lassen sich Betreiber durch zu akzeptierende Nutzungsbedingungen einen größtmöglichen rechtlichen Handlungsspielraum einräumen und entziehen so dem Nutzer zum Teil die Kontrolle über die erfassten Daten. Jedem Akteur muss bewusst sein, dass vermeintliche Gratis-Dienstleistungen im Internet immer mit persönlichen Daten bezahlt werden und die Nutzenden in Wirklichkeit gar nicht Kunden, sondern Zulieferer eines Geschäftsmodells sind. Wären diese Infrastrukturen und Dienste vollständig durch ein entsprechendes (z. B. nationales) Rechtssystem reguliert, könnte die digitale Souveränität jedes Akteurs durch den Gesetzgeber gewährleistet werden. Wie die Debatte um die Vorratsdatenspeicherung aber zeigt, wäre schon auf nationalstaatlicher Ebene ein heftiger demokratischer Diskurs zu erwarten, da Interessen der Bürgerinnen und Bürger, der Wirtschaft und des Staates in Konsens zu bringen sind.

Eine neue Qualität ergibt sich jedoch dadurch, dass Anbieter und Ausrüster von Endgeräten, Infrastrukturen und Diensten von internationalen Konzernen entwickelt und kontrolliert werden. Diese können so dynamisch agieren, dass sie sich sowohl in technologischer als auch in ethischer, sozialer und rechtlicher Hinsicht zunehmend nationalstaatlichen Regulierungen entziehen. Daher ist zum einen das souveräne Handeln der einzelnen Bürgerinnen und Bürger bedroht, zum anderen sieht sich aber auch die Industrie durch vermehrte Angriffe auf diese digitalen Infrastrukturen und verstärkte Abhängigkeiten von internationalen Technologielieferanten in ihren Handlungsoptionen eingeschränkt. In letzter Konsequenz sind hiervon gleichermaßen auch die politischen Systeme, die sich traditionell über ein räumlich festgelegtes Gebiet definieren, betroffen, da sich digitale Datenströme über staatliche Grenzen mehr oder weniger ungehindert hinwegbewegen.

Überwachte Daten

Die Bedrohungslage wird mit steigender Digitalisierung – zumindest gefühlt – immer größer. Seit der Debatte um die Vorratsdatenspeicherung sind viele Menschen in

Deutschland für das Thema IT-Sicherheit sensibilisiert. Gleichzeitig herrscht eine Ohnmacht bezüglich konkreter Schutzmaßnahmen. In dieser Gemengelage werden Spionageaktivitäten unbekannten Ausmaßes immer einfacher umsetzbar, da de facto zahlreiche öffentliche Kommunikationsnetze bei Bedarf nutzbare Abhörschnittstellen enthalten. Auf diese Weise hat sich ein milliardenschwerer Markt von digitalen Überwachungstechnologien etabliert, der zu großen Teilen sogar über Geheimdienste staatlich finanziert wird.

Verschärft wird diese Entwicklung durch selbstlernende Algorithmen, die neben der Überwachung auch die Vorhersagbarkeit des Verhaltens von Akteuren (d. h. sowohl Bürgerinnen und Bürger als auch Unternehmen) zum Ziel haben. Diese Algorithmen können in Teilen heute bereits treffsicher entscheiden und erzeugen so eine neue Qualität der Unmündigkeit, besonders wenn sich betroffene Akteure ihrer eigenen Transparenz und Vorhersagbarkeit gar nicht bewusst sind. Diese Algorithmen zusammen mit der bewussten oder unbewussten eigenen Transparenz stellen eine zunehmende Gefahr der eigenen digitalen Souveränität dar.

Selbstbestimmtes Handeln

Digitale Souveränität im Rahmen selbstbestimmten Handelns beschreibt die Fähigkeit, die Vertrauenswürdigkeit, Integrität und Verfügbarkeit der Datenverarbeitung durchgängig kontrollieren zu können. Idealerweise kann sichergestellt werden, dass keine technischen Mittel im Kommunikationsnetzwerk vorhanden sind, die unberechtigten Zugriff, Veränderung oder Weiterleitung der Daten zulassen. Digitale Souveränität bemisst sich somit durch den Grad der Selbstbestimmtheit und der Kontrolle über die jeweiligen Glieder der Datenkette: Erhebung, Übertragung, Verarbeitung und Speicherung.

Grundlage der digitalen Souveränität ist es, Akteure zu einer bewussten Entscheidung zu befähigen, sodass sie Risiken einschätzen und über das Schutzniveau ihrer Datenkommunikation bedarfsgerecht entscheiden können. Hierbei handelt es sich um eine gesamtgesellschaftliche Aufgabe, die Handlungsfelder nicht nur im Bereich der IT-Sicherheit, sondern beispielsweise auch in wesentlichen Technologiebereichen der deutschen Wirtschaft wie der Automobilindustrie oder der Energietechnik schafft. Der Wirtschaft und Gesellschaft muss es möglich sein, digitale Technologien so zu nutzen, dass zum einen Datenschutzinteressen nicht beeinträchtigt, zum anderen darauf aufbauende wirtschaftliche Verwertungs- und Geschäftsmodelle umsetzbar sind. Darüber hinaus müssen sich wirtschaftliche Entwicklungen im Bereich der IKT ungehindert realisieren und im internationalen Markt vertreiben lassen.

Die digitale Welt von morgen

Die Strukturen des Internets unterliegen einem permanenten Entwicklungsprozess. Neue Anwendungsmöglichkeiten ergeben sich durch die flexible Bereitstellung von Ressourcen (Cloud Computing), die Integration bisher IT-ferner Komponenten (Internet der Dinge) und die Erfassung und Verknüpfung noch größerer Datenmengen (Big Data). Dabei herrscht ein engagiert geführter weltweiter Konkurrenzkampf um Technologieführerschaft, Innovationsvorsprünge, Marktzugänge und Beherrschung von aktuellen und künftigen digitalen Absatzmärkten. Neben den Anbietern von Basistechnologien etabliert sich ein Wettstreit um den Absatz von Diensten, die sich die Daten und Infrastrukturen zunutze machen. Die Profiteure des digitalen Wandels sind daher vermutlich in ganz neuen Geschäftsmodellen zu sehen. Beispielsweise gibt es viele Start-ups, die sich auf die Vernetzung des Haushaltes fokussieren. Das inzwischen von der Alphabet Inc. übernommene Start-up Nest oder die Firma Tado aus München vertreiben Thermostate, die per App gesteuert werden können. Diese Start-ups werten umfangreiche Messdaten aus und verknüpfen diese mit ihren vernetzten Systemen, um für den Endanwender Mehrwertdienste und Optimierungen (z. B. zur Energieeffizienz) anzubieten.

Aktuelle Entwicklungen basieren auf dem Ansatz, sämtliche digitale Dienstleistungen ausschließlich bedarfsgerecht bereitzustellen (on-demand). Ohne Zweifel ein Geschäftsmodell mit unbestreitbaren Vorteilen. Dennoch: Auch die permanente Abhängigkeit des Einzelnen von globalen Unternehmen nimmt stark zu und verschärft somit die Frage nach digitaler Souveränität. Für den Kunden entfällt die Möglichkeit zum dauerhaften Kauf und somit auch zum Besitz von Produkten. Für Unternehmen wird das Modell des „Everything-as-a-Service" auf etablierte Akteure einen nie dagewesenen Anpassungsdruck erzeugen mit dem Potenzial, ganze Bestandsmärkte revolutionieren zu können.

Marktentwicklung

Im Hinblick auf die digitale Souveränität Deutschlands sind folgende Feststellungen zentral und notwendig: Die Evolution des Internets wird aktuell von wenigen großen Akteuren getrieben. Mehr noch, wesentliche Teile von IKT-Systemen und der benötigten Infrastrukturebenen stammen zurzeit nicht aus Deutschland (und auch nicht aus Europa). Den IT-Bedarf in Deutschland umfassend aus der eigenen Industrie zu bedienen ist – Stand heute – unmöglich. Ähnlich ist es bei den anwenderbezogenen Internetdiensten: Auch hier erleben wir aktuell eine zunehmende Konzentration auf einige wenige große Konzerne, die einen wesentlichen Teil aller Datenströme beherrschen. Darüber hinaus arbeiten diese marktdominierenden Firmen typischerweise mit Konditionen wie dem Erlangen der Rechte an von Nutzerinnen und Nutzern erstellten Inhalten, der Datenverarbeitung ohne Einwilligung oder fehlender Löschrechte.

Für die Debatte zur digitalen Souveränität bedeutet dies, dass sie zu einem Zeitpunkt geführt wird, zu dem zentrale technologische Bereiche Deutschlands und teilweise auch Europas nur noch als Technologiefolger eingestuft werden können. Diskutiert werden überwiegend wirtschaftspolitische Handlungsmöglichkeiten, während Maßnahmen zum Schutz der Bürgerinnen und Bürger zunächst im Umfeld der Forschungsförderung erarbeitet werden. So geht es beispielsweise in der Debatte zum „Trusted Computing" letztendlich darum, welche Funktionen auf IKT-Endgeräten, privaten Routern oder Autos erlaubt und welche verboten sind. In einem digital souveränen Staat ist es allerdings auch erforderlich, dass Eigentümer von IT-Geräten selbst die Kontrolle über ihre IT-Geräte haben. Hierfür hat Deutschland durchaus die technologischen Möglichkeiten, um durch die eigene Industrie die digitale Souveränität in vielen Bereichen herzustellen oder zu erhalten.

Bedarfslücken identifizieren

Damit der Innovationsstandort Deutschland seine digitale Souveränität wiedererlangt und auch künftig wettbewerbsfähig bleibt, sind neben dem Ausbau der Internetmöglichkeiten auch Schlüsseltechnologien, insbesondere im Bereich von Soft- und Hardware, entscheidend. Um den Technologievorsprung der großen weltweiten Hersteller aufzuholen, fehlt es jedoch an Ressourcen, an der notwendigen Entwicklungszeit, aber auch der Motivation auf etablierte Suchmaschinen und soziale Netze zu verzichten. Letzteres zeigt deutlich: Weder der Weg in Richtung Isolation ist wünschenswert, noch stellt ein Verfolgen der Technologieführer langfristig die digitale Souveränität her.

Ökonomische Chancen nutzen

Deutschland bleibt bei Internetdiensten derzeit nur die Rolle des „Smart Followers", der bestehende Entwicklungen aufgreifen muss und hieraus neuartige Dienste entwickelt. Auch wenn für Deutschland als Hochtechnologiestandort bisher kaum vorstellbar, bedeutet dies unter den aktuellen Rahmenbedingungen für die digitale Souveränität keinen Nachteil, sondern birgt eine vielleicht noch unbekannte Chance. Während sich die großen Infrastrukturtechnologieführer mit dem Ausbau ihrer Plattformen um jeden Preis beschäftigen, können sich Deutschland und Europa auf die Erforschung und Umsetzung langfristig tragfähiger Mehrwertdienste konzentrieren.

So ergeben sich für den Standort Deutschland Perspektiven bei Technologien und innovativen Diensten in den Bereichen Datenschutzgarantie und IT-Sicherheit. Dies schließt auch den Rechtsraum als Standortfaktor mit ein. Deutschland kann sich (ähnlich der Attraktivität als Produktionsstandort aufgrund guter Infrastruktur und aufgrund hochqualifizierten und motivierten Personals) durch die rechtliche Verankerung eines hohen Datenschutzniveaus gepaart mit einem technologisch gestützten, verantwortlichen Datenumgang international behaupten. Die Herstellung der digitalen Souveränität der Bürgerinnen und Bürger muss als Innovationstreiber gesehen werden. Digitale Souveränität wird so zum vorrangigen wirtschaftlichen und politischen Ziel.

Strategien, als Technologiefolger zu agieren, sind nur dann erfolgreich, wenn deren Umsetzung nicht in zu großen zeitlichen Verzug gerät. Deutschland ist für diese Herausforderungen sehr gut aufgestellt. Das Land verfügt zum einen über bedarfsgerechte Forschungsförderung, zum anderen weist die Wirtschaft durch das Zusammenspiel von Großindustrie mit kleinen und mittelständischen Unternehmen allgemein ein hohes Innovationspotenzial auf. Darüber hinaus ist besonders in den Ballungsräumen eine aufblühende Start-up-Szene präsent.

Innovationspolitische Verantwortung liegt nun in erster Linie darin, vorhandene Ressourcen in strategisch wichtige Themenfelder zu investieren. Darüber hinaus sind nach wie vor innovative Technologien aus Deutschland zu erwarten. Und auch die Investition in nationale Konkurrenzprodukte lohnt sich, wenn diese Lücken im Markt schließen, beispielsweise bei kritischen Infrastrukturen, wo das Risiko eines Souveränitätsverlustes den Aufwand für eigene Entwicklungen rechtfertigt.

Regulatorische Rahmenbedingungen schaffen

Der Wunsch nach einem durchgängig gewährleisteten Datenschutz und einer ausreichenden IT-Sicherheit im klassischen Sinne ist richtig und wichtig. Dies sollte aber zur Begünstigung der digitalen Souveränität durch zusätzliche Maßnahmen ergänzt werden. Als Gesellschaft müssen wir uns beispielsweise mit der Frage auseinandersetzzen, warum personalisierte Werbung schlecht sein soll. Solange der Nutzungsumfang zwischen den Beteiligten fair ausgehandelt und klar definiert ist und zudem die Zweckentfremdung personenbezogener Daten verhältnismäßig sicher erkannt und gesetzlich effektiv verfolgt werden kann, sind wichtige Voraussetzungen zur digitalen Souveränität prinzipiell geschaffen.

Für ein digital souveränes Handeln sind mehrere Aspekte relevant: Es ist notwendig, Schlüsseltechnologien zu beherrschen und eine hohe Kompetenz in zentralen Technologiebereichen zu haben. Ebenso ist eine effektive IT-forensische Aufklärung von IT-Sicherheitsvorfällen und die damit einhergehende Abschreckung vor Datenmissbrauch entscheidend. Und nicht zuletzt müssen neue technologische Trends überhaupt identifiziert und eingeordnet werden, um diese dann aus eigener Kraft weiterentwickeln zu können.

Verantwortungsvolle Technologien befördern

Gesamtgesellschaftlich muss Technologieentwicklung und -nutzung neu verstanden werden. Im Rahmen technologischer Innovationen müssen auch nicht-technologische Implikationen mitbedacht werden. Hierfür existieren auf nationaler und europäischer Ebene bereits integrierte Forschungsansätze. Diese Konzepte zielen darauf, nicht-technologische Aspekte technologischer Innovationen frühzeitig zu adressieren und interdisziplinär zu betrachten. Hierzu zählen ethische, soziale und rechtliche Fragestellungen, die zwangsläufig bei Technologien entstehen, die immer näher an den Menschen heranrücken. Zwischen der Verhinderung und der Gestaltung von Innovationen müssen diese Ansätze förderpolitisch weiterentwickelt und besser aufeinander abgestimmt werden. In einem gesellschaftlichen Diskurs muss dabei das hinreichende Maß digitaler Souveränität bestimmt werden.

Entwicklungsziele

So wie die soziale Marktwirtschaft dem ungezügelten Kapitalismus Grenzen aufweisen kann, so muss die Digitalisierung in soziale Bahnen gelenkt werden. Aus der gesellschaftlichen und wirtschaftlichen Forderung nach Erhalt und Sicherung der digitalen Souveränität ergeben sich vielfältige technologische Chancen. Diese liegen unmittelbar in dem konsequenten Ausbau von Datenschutztechnologien und der IT-Sicherheitstechnik (Abbildung 1.1.1.2: Spannungsfeld der Selbstbestimmung). In

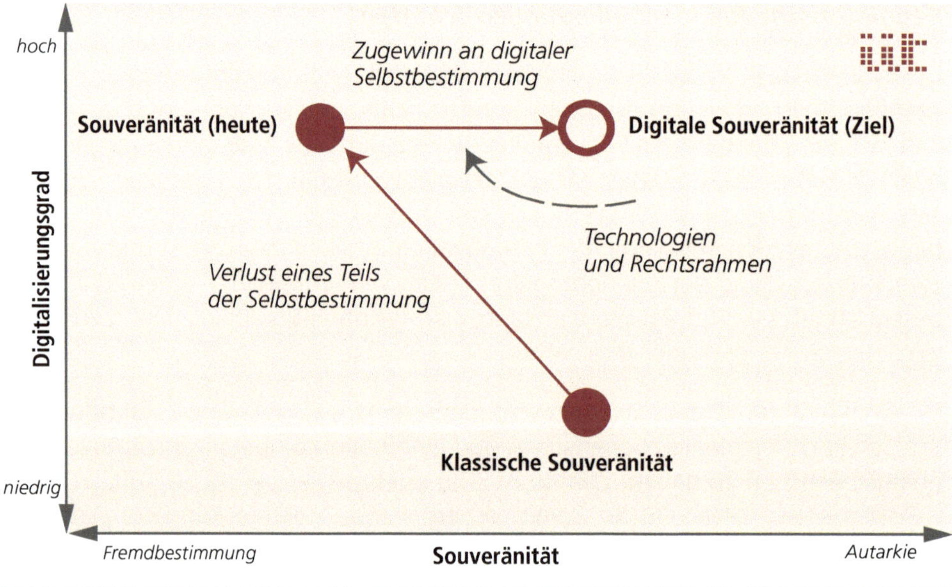

Abbildung 1.1.1.2: Spannungsfeld der Selbstbestimmung

Hinblick auf die benötigten Technologien für Hardware-basierte IT-Sicherheitstechnik haben Deutschland und Europa durch innovative Mikrosystemtechnik einen großen Innovationsvorsprung. Ähnliches gilt für die Technologieführerschaft im Bereich eingebetteter Software, die aus einer langen und engen Zusammenarbeit mit den Anwendungsbranchen Automobil, Produktion und Energie resultiert. Hier bestehen Chancen, die Erfahrungen aus verteilten Softwaresystemen für künftige Industrie-4.0-Produktionsanwendungen zu nutzen. Es ist somit ohne Weiteres möglich, sich dem Wettbewerb mit Unternehmen der Internet-Branche zu stellen, denen die Kompetenz in der eingebetteten Software heute fehlt.

Während in der Netzwerktechnologie und im Bereich der großen Internetdienste und -plattformen besonders US-amerikanische Konzerne die Technologieführerschaft übernommen haben, werden in Deutschland und in europäischer Kooperation Verfahren entwickelt, die einen sicheren Datentransport ermöglichen und das verschlüsselte Prozessieren von Internetdaten erlauben. Für Deutschland besteht die Möglichkeit, die Digitalisierung auf individueller, organisationaler und gesellschaftlicher Ebene mit sozialer Innovation zu verbinden. „Made in Germany" kann dann für hochwertige und verantwortungsvolle Technologien stehen, die gegenüber möglicherweise kurzlebigen Internetgiganten langfristig Bestand haben werden.

Literatur

CeBIT (2016) Bundeskanzlerin Merkel: Daten sind die Rohstoffe des 21. Jahrhunderts. CeBIT News, 12.03.2016. www.cebit.de/de/news/bundeskanzlerin-merkel-daten-sind-die-rohstoffe-des-21.-jahrhunderts.xhtml. Zugegriffen: 18.05.2016

1.1.2 IT-Sicherheit und Nutzer: Chancen und Risiken in der Digitalisierung

Stefan G. Weber

IT-Sicherheit ist eine Grundbedingung für das Gelingen der Digitalisierung. Durch die Digitalisierung scheinen sich die Verletzlichkeiten unserer Gesellschaft und Wirtschaft jedoch zu potenzieren. Dieser Artikel adressiert die Frage, welche Herausforderungen prioritär anzugehen sind, um die Bedrohungsszenarien des „gläsernen Bürgers" und der „verwundbaren digitalen Wirtschaft" abzuwenden. Neben fehlenden „digitalen Instinkten" stehen häufig auch fehlende ökonomische Anreize dem Einsatz der oft komplexen Schutzmechanismen entgegen. Der Beitrag stellt Handlungsmöglichkeiten für diese Problemfelder vor und plädiert dafür, die Digitalisierung auch als Chance für IT-Sicherheit und Datenschutz zu begreifen und die zahlreichen Chancen, welche sich für Wirtschaft und Gesellschaft ergeben, konsequent zu nutzen.

Einführung

Jede und jeder Einzelne von uns interagiert täglich im Berufs- und Privatleben mit einer Vielzahl von vernetzten, digitalen Systemen, sowohl bewusst als auch unbewusst. Die prinzipielle *Schutzbedürftigkeit* der dahinterstehenden Systeme, der zirkulierenden digitalen Informationen und nicht zuletzt der Persönlichkeitsrechte der handelnden Personen – also von uns allen – wurde vielfach festgestellt.

Nicht zuletzt ist der individuelle und kollektive *Schutzanspruch* in Deutschland auch gesetzlich verankert. Als Reaktion auf die für das Frühjahr 1983 angesetzte Volkszählung wurde etwa das Grundrecht auf informationelle Selbstbestimmung verfassungsrechtlich verankert. Schon damals galt und es gilt noch heute: Eine von Betroffenen unbeherrschbare und unbeherrschte Datensammlung und Datenverarbeitung, bedingt durch die zunehmende Verbreitung der modernen Informationstechnik, stellt eine potenzielle Gefährdung unserer freiheitlichen Grundordnung dar. Wenn der oder die Einzelne nicht mehr wissen und beeinflussen könne, von wem welche Daten mit Bezug zum persönlichen Verhalten gespeichert oder vorrätig gehalten werden, passe sie oder er sein Verhalten aus Vorsicht an, um nicht durch „abweichende" Verhaltensweisen aufzufallen – so argumentierte das Bundesverfassungsgericht (vgl. BMI 2016). Die Beeinträchtigung nicht nur der individuellen Handlungsfreiheit, sondern auch unseres freiheitlichen, demokratischen Gemeinwesens, welches einer selbstbestimmten Mitwirkung der Bürgerinnen und Bürger bedarf, durch eine entgrenzte Datenerhebung, -verarbeitung und -weitergabe steht somit nicht erst in Zeiten der Digitalisierung zur kritischen Diskussion. Durch die Digitalisierung scheinen sich die Verletzlichkeiten unserer Gesellschaft und Wirtschaft zu potenzieren. Vor diesem Hintergrund stellt sich die Frage, welche Herausforderungen prioritär anzugehen sind, um die Bedrohungsszenarien des „gläsernen Bürgers" und der „verwundbaren digitalen Wirtschaft" abzuwenden (vgl. Kapitel 1.1.1 und Kapitel 3.1.3).

Im Folgenden werden zwei zentrale Themenbündel betrachtet:

- Digitalisierung bringt zentrale IT-Sicherheitsprobleme ans Licht

- Digitalisierung ist auch als Chance für IT-Sicherheit und Datenschutz zu denken

Dabei werden zum einen wichtige Entwicklungen aus der Forschung aufgegriffen und künftige Entwicklungen antizipiert, zum anderen werden die IT-Sicherheitsaspekte auch in einen größeren Gesamtzusammenhang eingeordnet.

Herausforderungen für IT-Sicherheit und Datenschutz in einer digitalisierten Welt

IT-Sicherheits- und Datenschutzaspekte sind zentrale Querschnittsanforderungen, die bei der Digitalisierung zu berücksichtigen sind. Doch warum ist der Umgang mit IT-Sicherheit weiterhin so brisant? Nach den Enthüllungen von Edward Snowden zur flächendeckenden Massenüberwachung unserer digitalisierten Welt durch Geheimdienste wurde eine „Vertrauenskrise" in der IT-Sicherheit proklamiert.

Ein Hauptproblem liegt weiterhin in der Diskrepanz zwischen Wunsch und Wirklichkeit. Vor diesem Hintergrund lassen sich die folgenden drei zentralen Problembereiche identifizieren.

I.   Fehlende „digitale Instinkte"

Jede und jeder von uns lernt von klein auf, welche Gefahren ein unvorsichtiges Verhalten mit sich bringt: An gefährlichen Gegenständen kann man sich verletzen, an heißen Gegenständen kann man sich verbrennen. „Auch wenn wir nachts durch den Wald gehen und es raschelt, dann werden wir sofort sehr aufmerksam und vorsichtig." (Borchers 2015)

In einer digitalisierten Welt sind neue Bedrohungslagen hinzugekommen, auf welche wir noch nicht instinktiv reagieren können. Die Gefahren beim Einsatz und der Nutzung von digitalen Technologien lassen sich auch oftmals gar nicht direkt wahrnehmen. Daher werden der Schutzbedarf sowie die möglicherweise weitreichenden, aber ggf. nur langfristigen Konsequenzen eines Datenmissbrauchs durch Dritte oft unterschätzt.

II. Schutzmechanismen sind nicht integriert und zu komplex in der Nutzung

IT-Sicherheitsmechanismen werden oft erst nachträglich – sozusagen als Add-on – in Systeme, Produkte und Dienste eingefügt. Sie haben somit zunächst keine unabhängige Funktion und erschweren die Nutzung von Informations- und Kommunikationstechnologien, im privaten wie im geschäftlichen Umfeld. Sie erzeugen so zunächst einen Overhead bei Geschäftsprozessen und sorgen für unnötige Komplexität bei der Nutzung, sei es bei der E-Mail-Verschlüsselung oder beim Zugriff auf das persönliche Endgerät der Wahl. Somit wird auch menschliches Verhalten, das Sicherheitsmechanismen umgeht, zu einem zentralen Angriffs- oder Schwachpunkt.

III. Fehlende Anreize

Neben organisatorischen Umsetzungsschwierigkeiten und Engpässen bei Fachpersonal spielen bei der Implementierung von Sicherheitsmechanismen besonders die Kosten bzw. das Kosten-Nutzen-Verhältnis eine wichtige Rolle. Warum aber sollten auf Gewinnmaximierung bedachte Firmen Daseinsvorsorge betreiben, obwohl kein direkter „Return on Investment" absehbar ist?

Die Suche nach Lösungsmöglichkeiten

IT-Sicherheit muss, um auch im Alltag anzukommen, anwenderfreundlich und benutzbar und nicht zuletzt verstehbar sein. In der Forschung und auch in frühen wirtschaftlichen Umsetzungsphasen finden sich verstärkt Ansätze, welche den Problembereich II, unter Begriffen wie „Privacy by Design" (Cavoukian 2011) und „Usable Security" (Cranor und Garfinkel 2005) adressieren. Die Begriffsbildung „by Design" soll dabei andeuten, dass Datenschutz- und IT-Sicherheitsanforderungen bereits in frühen Phasen der Systemgestaltung aufzugreifen und kontinuierlich über alle Lebensphasen zu beachten sind. Für ein zunächst „sicher" konzipiertes und implementiertes System können sich beispielsweise in der Konfigurationsphase neue Schwachstellen dadurch ergeben, dass kryptographische Schlüssel über einen unsicheren Kanal kommuniziert und so unerwünschte Hintertüren geschaffen werden.

Solche und andere unerwünschten Einfallstore können vermieden werden, indem explizite Nutzerinteraktionen mit sicherheitsrelevanten Anteilen, wo möglich, vermieden werden und damit auch die Komplexität der Nutzung reduziert wird. Dieser Trend der „impliziten Sicherheit" findet sich beispielsweise in Mechanismen zur kontinuierlichen Authentifizierung wieder: Ein persönliches Endgerät kann etwa anhand des Ganges erkennen, ob der aktuelle „Träger" mit dem „Besitzer" übereinstimmt und in diesem Fall den erlaubten Zugriff freischalten (vgl. Weber 2014). Auch die Kombination verschiedener impliziter und expliziter Verifizierungsverfahren kann wesentlich zur Steigerung von Sicherheit und Benutzbarkeit beitragen (Abbildung 1.1.2.1).

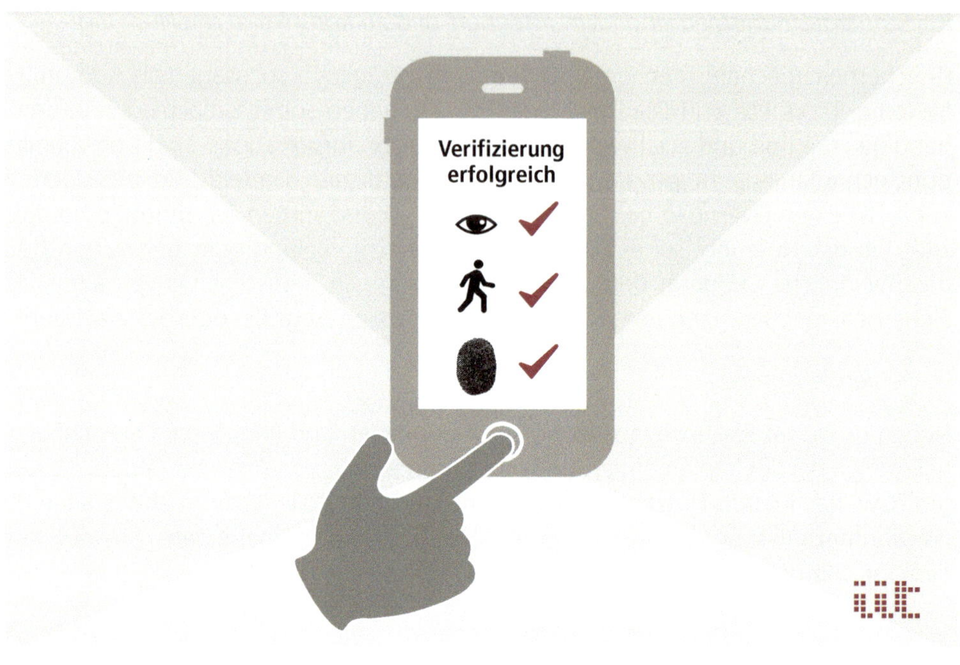

Abbildung 1.1.2.1: Kombination impliziter und expliziter Ansätze zur Verifizierung einer Identität

Mit der Fragestellung der fehlenden ökonomischen Anreize befasst sich die Forschung zur Ökonomie der IT-Sicherheit („economics of IT security") seit Anfang des Jahrtausends (vgl. Anderson 2001). In der Ökonomie der IT-Sicherheit werden beispielsweise Fragestellungen untersucht, warum bestimmte Angriffe und Datenschutzrisiken in Kauf genommen werden, obwohl technische Lösungen zur Verhinderung oder Abschwächung von IT-basierten Angriffen oder zur Reduzierung von Datenschutzrisiken verfügbar sind. Hierzu werden Modelle des sogenannten „rational denkenden Menschen" sowie der Verhaltensökonomie herangezogen. Aus ökonomischer Sicht ist die Frage zunächst scheinbar einfach zu beantworten: Übersteigen die erwarteten Kosten zum Schutz vor IT-Angriffen den erwarteten Schaden, der durch IT-Angriffe entsteht, ist es billiger den Schaden zu (er)tragen und keine Investitionen in Schutzmaßnahmen zu tätigen.

In der Ökonomie werden sogenannte Grenzbetrachtungen durchgeführt, die auch hier Anwendung finden. Es wird entsprechend nur so lange in IT-Sicherheitsprodukte investiert, wie jeder zusätzlich investierte Euro den erwarteten Schaden um mehr als einen Euro reduziert. Man spricht von Grenzkosten und Grenzschaden.

Aus gesamtwirtschaftlicher Sicht ist diese Betrachtungsweise durchaus korrekt, jedoch lohnt hier ein zweiter Blick. Gerade im Bereich der ökonomischen Forschung müssen die Auswirkungen auf die einzelnen Akteure differenziert betrachtet werden. Die Kosten der Schutzmaßnahmen fallen selbstverständlich direkt etwa bei den Unternehmen an, der entstandene Schaden jedoch weniger. Gelangt ein Angreifer beispielsweise in den Besitz einer Unternehmensdatenbank, die viele sensible personenbezogene Daten enthält und berichtet die Presse dann auch noch darüber, so schadet dies potenziell dem Ruf des Unternehmens. Da solche Angriffe in den letzten zehn Jahren aber häufig geworden sind, nimmt die mediale Aufmerksamkeit inzwischen eher ab (man spricht von einem Gewöhnungseffekt), sodass Unternehmen noch weniger Anreize haben, tatsächlich in Schutzmaßnahmen zu investieren. Leidtragend ist in diesem Fall der Einzelne, dessen persönliche Daten gestohlen wurden.

Das Beispiel verdeutlicht einen wichtigen Grundsatz der Umweltpolitik, nämlich das Verursacherprinzip. Es besagt, dass die volkswirtschaftlichen bzw. sozialen Kosten wirtschaftlicher Aktivitäten oder Unterlassungen von ihrem Verursacher zu tragen sind. Zu diesem Schluss kommen auch Moore und Anderson (Moore und Anderson 2011), die konstatieren: „Systems often fail because the organizations that defend them do not bear the full costs of failure."

Moore und Anderson bemerken weiterhin, dass falsch ausgerichtete Anreize, Informationsasymmetrien und externe Effekte im Bereich der IT-Sicherheit weit verbreitet sind. Das Auftreten von externen Effekten ist aber nicht auf den Bereich der IT-Sicherheit beschränkt, sondern findet sich auch im Bereich des Datenschutzes wieder. Aktuelle Gesetzesänderungen (das deutsche IT-Sicherheitsgesetz, die EU-Datenschutzgrundverordnung) stellen Änderungen in diesem Bereich vor. Es darf jedoch noch bezweifelt werden, ob sie weit genug gehen, um den Großteil des Schadens abzufangen, der nicht bei den Verursachern als Kosten anfällt.

Die fehlenden digitalen Instinkte stellen einen weiteren hochkomplexen Problembereich dar. Sehr verkürzt dargestellt lässt sich vermuten, dass nur ein komplexes Maßnahmenpaket Besserung versprechen kann:

- Auf regulierender Ebene ist eine Pflicht zur Durchführung von Risikoanalysen in wesentlichen Wirtschaftsbereichen, welche auch durch strikte Sanktionen gestärkt wird, vorzusehen.

- Auf technischer Ebene können mittel- bis langfristig Verfahren der Künstlichen Intelligenz die Entscheidungsvorgänge und die Risikobewertung unterstützen, auch wenn deren Entwicklungsschritte schwer vorherzusagen sind. Derzeitige Entwicklungen des Marktes (die gehäufte Akquisition von KI-Firmen durch große Technologieunternehmen) lassen sich jedoch als Vorzeichen werten, dass bedeutende Fortschritte in diesem Bereich in höherer Frequenz zu erwarten sein werden.[1]

- Auf soziotechnischer Ebene kann etwa in sozialen Netzwerken aggregiertes und zur Verfügung gestelltes Expertenwissen ein Anhaltspunkt für individuelle Risikobewertungen sein.

- Zu begleiten ist dies auch durch verstärkte Anstrengungen im Bildungsbereich. Die Fundamente der digitalen Instinkte sind auch in der Bildung und der Medienkompetenz zu legen. In diesem Bereich lassen sich in der Forschung vermehrt Ansätze der „Gamification" oder „Serious Games" finden, welche eingesetzt werden, um IT-Sicherheits- und Datenschutzkompetenzen an unterschiedlichste Gruppen auf spielerische Weise zu vermitteln.

Digitalisierung als Chance für IT-Sicherheit und Datenschutz begreifen

Neben den Problemfeldern für IT-Sicherheit und Datenschutz, die sich aus der Digitalisierung ergeben, sollen in diesem Abschnitt die Chancen für IT-Sicherheit und Datenschutz dargestellt werden.

In den aufgezeigten Problemfeldern von Datenschutz und IT-Sicherheit lassen sich verschiedene Handlungsfelder für die künftige Wirtschaft, insbesondere die IT-Wirtschaft, ableiten. Die drei Wesentlichen lassen sich konkret benennen:

I.   Sichere und zugleich effiziente Prozesse schaffen

Im Zuge der Digitalisierung können und müssen etwa in der Arbeitswelt Arbeitsabläufe und Organisationsformen neu überdacht und ausgestaltet werden. Die Nutzung von Schutzmechanismen ist dabei nicht als „Add-on" zu betrachten, sondern im Sinne des „by-Design"-Ansatzes in frühen konzeptionellen Phasen zu beachten. So können nicht nur effiziente, sondern auch zugleich sichere Prozesse geschaffen werden.

II.   Schwachstellen analoger Prozesse beheben

Schwachstellen in Sicherheitskonzepten finden sich nicht nur in einer durch Digitalisierung im Umbruch begriffenen Welt, sondern auch in traditionellen, analogen Abläufen und organisatorischen Maßnahmen. Durch die Digitalisierung können somit auch bestehende Löcher geschlossen werden, die es bzgl. Informationssicherheit und Datenschutz in vorherigen analogen Prozessen gab.

---

[1]   *Kommt es dadurch zu einer zu starken Konzentration bei wenigen Unternehmen, kann dieser Effekt auch ins Gegenteil umschlagen.*

III. IT-Sicherheit und Datenschutz als Qualitätsmerkmale nutzen

IT-Sicherheit und hohe Datenschutzstandards können bei geeigneter Positionierung zu Qualitätsmerkmalen werden. Dies betrifft sowohl IKT-Produkte und -Dienste, welche sich somit von Mitanbietern abheben können, als auch z. B. eine innerbetriebliche Ausgestaltung der „digitalisierten" Abläufe. Wird durch die Einführung geeigneter Maßnahmen eine Vertrauenskultur etabliert, so steigert dies auch die Reputation und kann das Anwerben von Fachkräften unterstützen.

Fazit

IT-Sicherheit ist eine Grundbedingung für das Gelingen der Digitalisierung. Die Vertrauenskrise nach Snowden hat dies uns allen unübersehbar bewusst gemacht. In jeder Krise steckt jedoch auch eine Chance: Es könnte sein, dass gerade die Aktivitäten der NSA bewirken werden, dass in Deutschland und Europa eine starke IT-Sicherheitsindustrie entsteht. Die Chancen, die sich im Bereich der IT-Sicherheit und des Datenschutzes für Wirtschaft und Gesellschaft ergeben, sind konsequent zu nutzen.

Neben Gesetzesänderungen/-konkretisierungen oder auch Selbstverpflichtungen der Unternehmen tragen auch niedrigkomplexe, kostengünstige IT-Sicherheitstechnologien zur Sicherheit und zum Schutz der Daten und Persönlichkeitsrechte bei. Eingebettet sind diese jedoch immer in ein größeres System, welches mitbedacht werden muss. Im durch die Digitalisierung ausgelösten Prozess des Neudenkens ist dabei konsequent der „by-Design"-Ansatz zu verfolgen. Das grundlegende Problemfeld der fehlenden digitalen Instinkte erfordert dabei auch nicht zuletzt das Verankern von Kompetenzaufbau auch schon von Beginn an. Instinkte entwickeln sich über längere Zeiträume, etwa seit einem Jahrhundert im Straßenverkehr. Die Geschwindigkeit der Digitalisierung erfordert besondere Anstrengungen.

Literatur

Anderson RJ (2001) Why Information Security is Hard. An Economic Perspective. Computer Security Applications Conference, 2001. ACSAC 2001. Proceedings 17th Annual. S 358–365

Bundesministerium des Innern (BMI) (2016) Der Schutz des Rechts auf informationelle Selbstbestimmung. www.bmi.bund.de/DE/Themen/Gesellschaft-Verfassung/Datenschutz/ Informationelle-Selbstbestimmung/informationelle-selbstbestimmung_node.html. Zugegriffen: 18.05.2016

Borchers D (2015) Das digitale Ich braucht Verschlüsselung. heise online, 17.10.2015. www. heise.de/newsticker/meldung/Das-digitale-Ich-braucht-Verschluesselung-2849851.html. Zugegriffen: 19.04.2016

Cavoukian A (2011) Privacy by design: the 7 foundational principles. Information and Privacy Commissioner of Ontario. www.ipc.on.ca/images/resources/7foundationalprinciples.pdf. Zugegriffen: 19.04.2016

Cranor LF, Garfinkel S (Hrsg) (2005) Security and usability: designing secure systems that people can use. O'Reilly Media, Sebastopol/Kalifornien

Moore T, Anderson R (2011) Economics and Internet Security: a Survey of Recent Analytical, Empirical and Behavioral Research. In: Oxford Handbook of the Digital Economy. Oxford University Press, Oxford

Neumann N, Moorfeld R, Reulke K (2016) Die Digitalisierung der Energiewende – vom Smart Grid zur Intelligenten Energieversorgung eingebettet in eine smarte Infrastruktur. In: Wittpahl V (Hrsg) Digitalisierung: Bildung, Technik, Innovation. Institut für Innovation und Technik (iit), Berlin

Weber SG (2014) Alltagstaugliche Biometrie: Entwicklungen, Herausforderungen und Chancen. iit perspektive, Workingpaper Nr. 21. Institut für Innovation und Technik (iit). www.iit-berlin.de/de/publikationen/alltagstaugliche-biometrie-entwicklungen-herausfor-derungen-und-chancen/at_download/download. Zugegriffen: 19.04.2016

EFFIZIENZ IN DER DATENAUFBEREITUNG

Datenvisualisierung zur Kommunikation im politischen Kontext

Michael Huch, Inessa Seifert

—

Datenökonomie und digitale Effizienz – Die Reduktion und Abstraktion von Daten in der vernetzten Welt

Anett Heinrich, Heiko Kempa, Jochen Kerbusch, Eike-Christian Spitzner

1.2.1 Datenvisualisierung zur Kommunikation im politischen Kontext

Michael Huch, Inessa Seifert

In einer Zeit rasant wachsender Informationen wird deren Nachvollziehbarkeit künftig überhaupt nur durch Aggregation und Verdichtung, etwa durch Text- und Data-Mining-Tools, möglich sein. Zusätzlich bieten sich grafische Visualisierungen an, um ein intuitiveres Verständnis komplexer und mehrdimensionaler Informationen zu ermöglichen. Besonders gelungene Beispiele überlassen es dabei dem Nutzer, sich durch Selektion hinterlegter Daten dynamisch generierte Visualisierungen anzeigen zu lassen, um so den Blick auf spezifische Facetten werfen zu können. Der Beitrag erläutert kurz technische Grundlagen und präsentiert verschiedene Visualisierungsbeispiele, die sich zur Unterstützung politischer Entscheidungen eignen. Am Beispiel der Innovationspolitik werden Anwendungspotenziale für diese neuen Technologien aufgezeigt.

Einführung

Wir leben in einer Welt, in der immer mehr Informationen generiert und zugänglich gemacht werden. Eine Verarbeitung der weiter stark zunehmenden Informationsmenge wird künftig nur durch Aggregation derselben möglich sein. Ein bekanntes Beispiel für eine händisch aufbereitete Verdichtung von Informationen ist der Wahl-O-Mat der Bundeszentrale für politische Bildung[1], die die Wahlprogramme der zur Wahl stehenden (und an diesem Angebot teilnehmenden) Parteien aufbereitet. Ein politisch interessierter Wähler erhält allein durch die Beantwortung von Fragen, die für den politischen Gestaltungsraum der gewählten Parlamentarier stehen, sein Maß an Übereinstimmung mit einer oder mehreren Parteien angezeigt; er muss sich also nicht mehr durch die Wahlprogramme aller Parteien durcharbeiten, um eine gut informierte Entscheidung für die beste Vertretung der persönlichen politischen Interessen zu fällen.

Auch grafische Visualisierungen kommen zum Einsatz, um – ebenfalls durch Verdichtung – ein intuitiveres Verständnis komplexer und mehrdimensionaler Informationen zu ermöglichen. In den vergangenen Jahren war denn auch eine deutliche Zunahme in der Visualisierung von Informationen zu verzeichnen; insbesondere trifft dies auf Online-Medien zu. Besonders gelungene Beispiele überlassen es dabei dem Nutzer,

---

[1] *Bundeszentrale für politische Bildung: www.bpb.de/politik/wahlen/wahl-o-mat/. Zugegriffen: 15.03.2016*

sich durch eine Auswahl hinterlegter Daten eine dynamisch generierte Visualisierung anzeigen zu lassen, um so den Blick auf eine spezifische Facette werfen zu können. Im folgenden Beispiel von Spiegel Online können sich Interessierte die Umfrage-

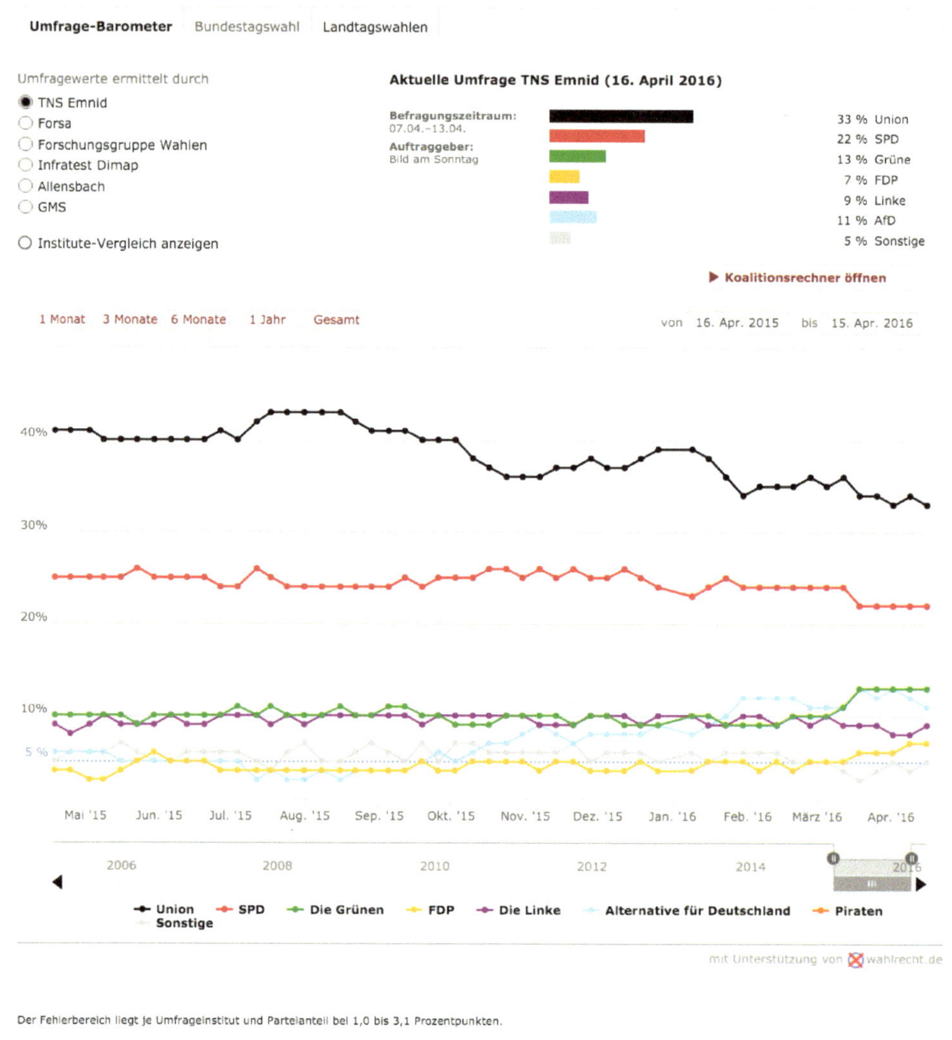

Abbildung 1.2.1.1: Screenshot der Darstellung von forsa-Umfragen für die Wahlen zum Deutschen Bundestag[2]

---

[2] *Spiegel Online: www.spiegel.de/politik/deutschland/sonntagsfrage-umfragen-zu-bundestagswahl-landtagswahl-europawahl-a-944816.html. Zugegriffen: 09.03.2016*

ergebnisse verschiedener Institute zu verschiedenen Wahlen in unterschiedlicher zeitlicher Auflösung anzeigen lassen.

Inwieweit öffentliche Institutionen und Einrichtungen bereits mit Analyse- und Visualisierungstools arbeiten, ist nicht bekannt. Es ist aber zu vermuten, dass deren Verbreitung noch gering ist. Dabei sind die verschiedenen Phasen des Politikzyklus prädestiniert für den Einsatz von Analysewerkzeugen und eine stärkere Visualisierung von Datenbeständen. In allen diesen Phasen, also der Vorbereitung, Durchführung und Nachbearbeitung politischer Maßnahmen, werden vielfältige Informationen genutzt und mindestens in der Durchführung und Nachbereitung eigene Daten generiert.

Technische Grundlagen und Visualisierungsbeispiele

Die Analyse verschiedener bereits öffentlich verfügbarer Datenquellen mit modernen Daten- und Textanalysemethoden birgt viele Potenziale, um neue Erkenntnisse sowohl für die Entscheider aus der Politik und Verwaltung, aber möglicherweise auch für die interessierte Öffentlichkeit zu schaffen.

Der Einsatz von Text- und Data-Mining-Methoden erlaubt bereits heute die automatisierte Analyse von sowohl unstrukturierten als auch strukturierten Daten sowie von Texten. Unstrukturierte Daten liegen normalerweise in einer textuellen oder gemischten Form vor, in der Inhalte gemeinsam mit anderen Informationen enthalten sind. Verfahren zur Informationsextraktion wie Named-Entity-Recognition ermöglichen es, aus unstrukturierten Daten immer wiederkehrende Begriffe (sogenannte Named-Entities) wie Lokationen, Organisationen, Adressen oder Zeitangaben herauszufiltern. Sogenannte Concept-Extraction-Verfahren sind dagegen in der Lage, prominente Begriffe in Dokumenten zu finden bzw. nach speziellen, vom Nutzer vorgegebenen Begriffen zu suchen. Wiederum andere Textverarbeitungsmethoden ermöglichen es, Dokumente über spezifische Relationen zwischen den Konzepten schrittweise zu inspizieren. Text-Mining-Verfahren wie „Clustering" ermöglichen die Zuordnung zahlreicher Dokumente zu thematischen Schwerpunkten. Mit Hilfe der illustrierten Methoden können Nutzer auch ohne spezielle Programmierkenntnisse in unstrukturierte Daten eintauchen und die verborgene Struktur dieser Daten für sich erschließen.

Idealerweise führen im Ergebnis die Analysetools dazu, dass auch vorher unstrukturierte Daten in strukturierter Form vorliegen. Diese Daten können nun von Experten mit den klassischen Methoden der deskriptiven Statistik wie z. B. Berechnungen von Mittelwerten, Standardabweichungen oder auch Erstellung von Regressionsmodellen zur Analyse von Korrelationen zwischen verschiedenen Kerngrößen verarbeitet werden. Die Ergebnisse der Datenanalyse wiederum werden zumeist über programmierbare Import-Schnittstellen (API) an ein Visualisierungstool übermittelt, wo sie in vielfältiger Form kombiniert und visuell dargestellt werden können.

Ein Beispiel für eine ansprechende Datenvisualisierung komplexer Zusammenhänge ist die interaktive Darstellung des Bundeshaushalts. Hier lassen sich sowohl die Einnahmen als auch die Ausgaben, diese zudem nach Ressorts und einzelnen Haushaltstiteln aufgeschlüsselt, anzeigen: Über die Darstellung anhand von Kreissegmenten erhält der Nutzer schnell einen Überblick über Größenordnungen von Einnahmen und Ausgaben.

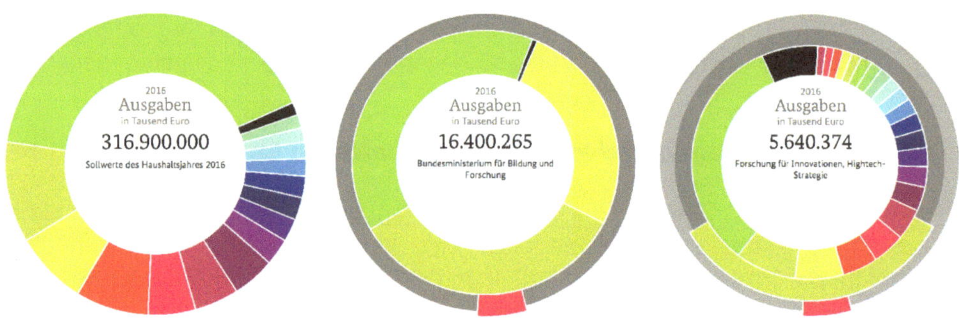

Abbildung 1.2.1.2 bis 1.2.1.4: Screenshots der Ausgaben des gesamten Bundeshaushalts (links), des Bundesministeriums für Bildung und Forschung (BMBF) (Mitte) und der BMBF-Ausgaben für „Forschung für Innovationen, Hightech-Strategie" (rechts)[3]

Von informatorischem Mehrwert für die Öffentlichkeit ist zudem die Möglichkeit dieser Anwendung von Soll-Ist-Vergleichen, die die tatsächlichen Ausgaben unter einzelnen Haushaltstiteln gegenüber dem Plan darstellen. Allerdings fließen in diese konkrete Darstellung keine dynamischen, sondern ausschließlich statische, zu zwei festen Zeitpunkten eines Jahres fixierte, Daten ein: Dies ist zum einen der Bundeshaushalt nach dessen Verabschiedung im Parlament, zum anderen die Haushaltsrechnung des Bundes. Ein wirklich zeitnahes Controlling der Ausgaben gegenüber dem Plan ist hiermit also nicht möglich.

Erste Unternehmen adressieren explizit Regierungsstellen, um diese genau mit dieser Intention, dem zeitnahen Controlling von Ist- gegenüber Soll-Zuständen, durch visuell-unterstützte Analysen bei der Umsetzung öffentlicher Programme zu unterstützen. Die offerierten Lösungen zielen darauf ab, Daten besser zugänglich, verständlich und verwendbar zu machen. Der Vielfalt möglicher Anwendungsbereiche sind kaum Grenzen gesetzt, wie folgendes, stark auf Visualisierungen verschiedener Control-

---

[3] *Bundesministerium der Finanzen: www.bundeshaushalt-info.de/#/2016/soll/ausgaben/ einzelplan/30.html. Zugegriffen: 09.03.2016*

ling-Parameter gestütztes Planungstool zur Koordinierung der Flüchtlingspolitik zeigt.

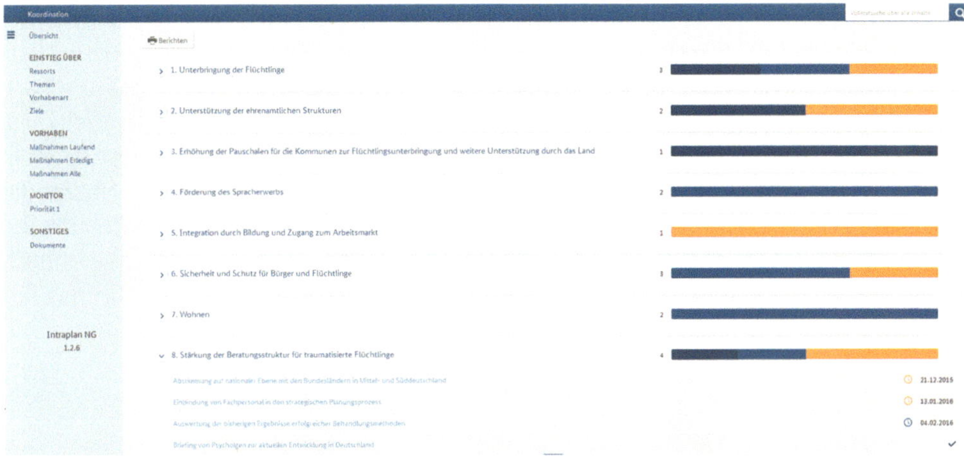

Abbildung 1.2.1.5: Screenshot eines Planungstools zur Koordination der Flüchtlingspolitik[4]

Bei dieser Lösung werden einzelne Aspekte der Koordinierung über verschiedene grafische Visualisierungen hinsichtlich ihres Umsetzungsstandes angezeigt. Wichtig ist, dass solche Lösungen vor Beginn der Durchführung von politischen Maßnahmen einsetzen, um einerseits klar festzulegen, welche Daten(quellen) genutzt werden und andererseits sinnvolle Kriterien für die Bewertung des Umsetzungsfortschritts festzulegen.

Andere Anbieter aus dem Bereich Business-Analytics stellen bereits jetzt zahlreiche Lösungen zur Verfügung, die sowohl die Analyse von strukturierten als auch von unstrukturierten Daten ermöglichen. Laut einer Studie (Parenteau et al. 2016) geht der aktuelle Trend in Richtung sogenannter „self-service"-Lösungen. Nutzer dieser Business-Analytics-Software erhalten die Möglichkeit, ohne Unterstützung eines IT-Dienstleisters, d.h. selbstständig, verschiedene Datenquellen in ein Analyse-System einzubinden, dabei Data- und Textanalyseverfahren auszuwählen und miteinander zu kombinieren. Zum Schluss stellen solche Business-Analytics-Lösungen eine Reihe von Visualisierungstools zur Verfügung, mit denen die Ergebnisse der Analyse mittels Balkendiagrammen, geografischen Karten oder zahlreichen anderen Darstellungen visualisiert und veröffentlicht werden können.

---

[4] *Agendo – Gesellschaft für politische Planung: www.agendo.de/content/intraplan-flow. Zugegriffen: 09.03.2016*

Internationale Visualisierungsbeispiele für die Innovationspolitik

Im Folgenden richtet sich der Blick spezifischer auf Anwendungspotenziale in der Innovationspolitik. Ein erstes Beispiel für vielfältige und interaktive Datenvisualisierungen ist die P3-Datenbank (Projects, People, Publications) des Schweizerischen Nationalfonds (SNF). Aktuell werden der interessierten Öffentlichkeit sechs visuelle Einstiegsmöglichkeiten zum Informationsabruf angeboten, etwa über eine Landkarte der Schweiz, auf der die geförderten Hochschulen dargestellt sind; einer Weltkarte, die Länder nach Anzahl der Kooperationen in verschiedenen Farbtiefen darstellt; oder eine Präsentation nach verschiedenen Wissenschaftsdisziplinen. Der Nutzer dieses Angebotes kann durch individuelle Klicks weitere Informationsebenen aufrufen. Letztlich liegt allen visualisierten Ergebnissen eine vielfältig mit sich selbst verknüpfte Datenbank für Projekte, Personen und Publikationen zu Grunde, die bis in das Jahr 2005 zurückgeht.

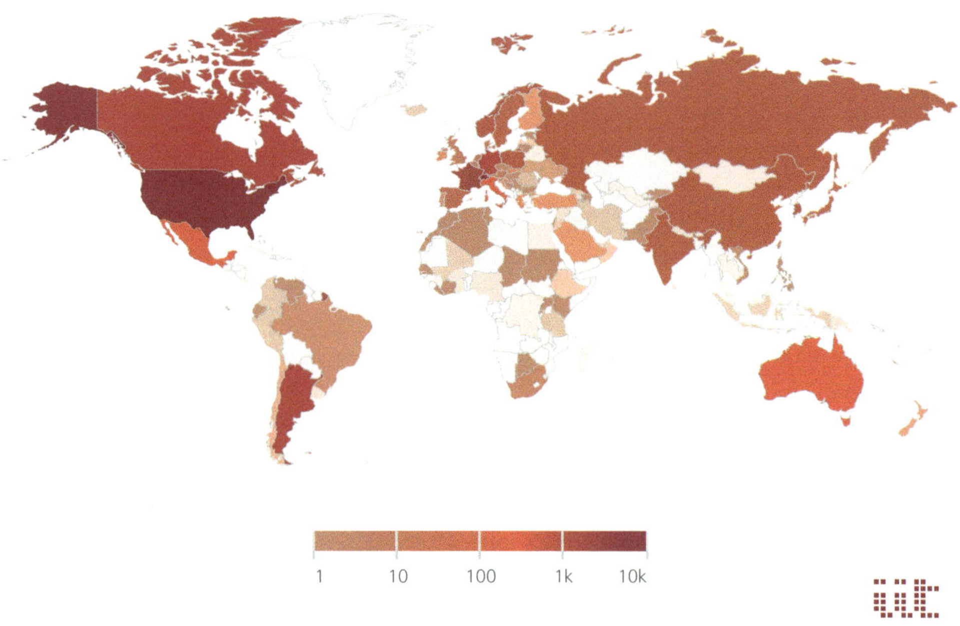

Abbildung 1.2.1.6: Interaktive Weltkarte zur Darstellung der Kooperationsintensität Schweizer Forscher[5]

---

[5]   Schweizerischer Nationalfonds zur Förderung der wissenschaftlichen Forschung (SNF): p3.snf.ch/Default.aspx?id=intcollab. Zugegriffen: 18.03.2016

Eine noch etwas weitergehende Präsentation innovationspolitischer Fördermaßnahmen ist das für die Öffentlichkeit konzipierte interaktive Dashboard (Instrumententafel) des Natural Sciences and Engineering Research Council of Canada (NSERC). Über das Dashboard werden dem Nutzer Visualisierungen mehrerer Datenquellen angezeigt, die zwei- bis dreimal jährlich aktualisiert werden – etwa in Form einer Landkarte, die Fördermittel je Region darstellt oder Nachrichten zu spezifischen Forschungsthemen präsentiert. Viele der dargestellten Informationen enthalten wiederum Hyperlinks, die dann z. B. zu einzelnen geförderten Vorhaben führen.

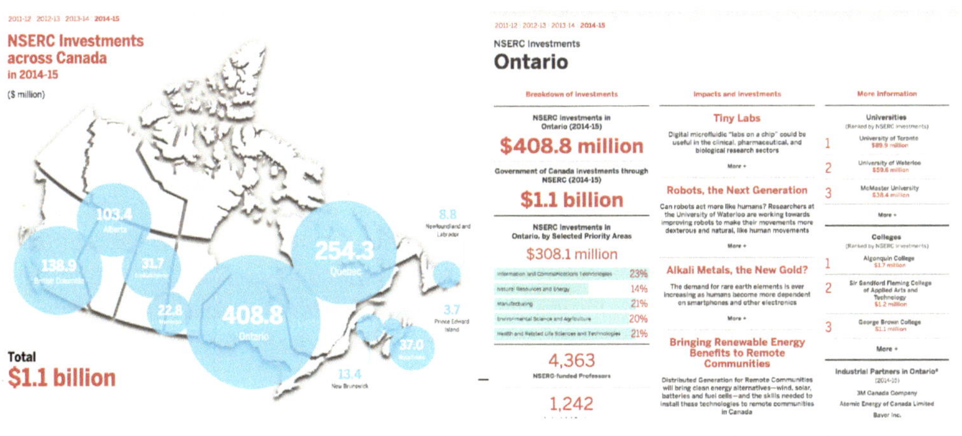

Abbildung 1.2.1.7 und 1.2.1.8: Screenshots des NSERC-Dashboards[6]

Über die Darstellung der Eingangsseite – oben links abgebildet – kann sich der Nutzer die öffentlichen Investitionen für die einzelnen Provinzen Kanadas bereits für unterschiedliche Haushaltsjahre anzeigen lassen. Ein Klick auf einen der Kreise – für das Beispiel Ontario oben auf der rechten Seite abgebildet – stellt neue Informationen dar, etwa die prozentuale Verteilung auf Förderthemen oder eine Rankingliste der Universitäten und Colleges, die die meisten Fördermittel zugesprochen bekamen. Zusätzlich sind im mittleren Bereich der Webseite inhaltlich passende Nachrichten dargestellt, die spezifisch einzelne Ergebnisse („Wirkungen") der Investitionen präsentieren. Dieses Beispiel zeigt das Potenzial auf, innovationspolitisches Regierungshandeln hoch aggregiert einer interessierten Öffentlichkeit auf transparente Weise näher zu bringen.

---

[6] Natural Sciences and Engineering Research Council of Canada (NSERC): *www.nserc-crsng. gc.ca/db-tb/index-eng.asp. Zugegriffen: 01.03.2016*

Status und Potenziale der Datenvisualisierung für die deutsche Innovationspolitik

In Deutschland ist der „Förderkatalog der Bundesregierung"[7] die öffentlich zugängliche Datenbank zur Recherche von geförderten Forschungsvorhaben. Sie beinhaltet aktuell mehr als 15.500 Vorhaben für das Bundesministerium für Bildung und Forschung (BMBF) und mehr als 4.600 für das Bundesministerium für Wirtschaft und Energie (BMWi). Die Ergebnisse werden in rein tabellarischer Form ausgegeben; sie umfassen eine beschränkte Auswahl an Parametern, etwa Name und Ort des Zuwendungsempfängers, die Fördersumme und die Laufzeit des Vorhabens und darüber hinaus administrative Informationen zur Leistungsplansystematik, zum zuständigen Referat im BMBF und zum Projektträger.

Visualisierungen sind nicht Teil dieses Angebotes. Aber bereits die durch den Förderkatalog bereitgestellten Informationen bieten Ansätze für sinnvolle und leicht zu realisierende Visualisierungen. So könnte unter Nutzung der Adressen und der vom BMBF bewilligten Fördermittel eine grafische Landkarte schnell verdeutlichen, in welchen Regionen Deutschlands sich Forschungseinrichtungen und Unternehmen häufen, die erfolgreich bei der Einwerbung von öffentlichen Forschungsmitteln sind. Diese Information könnte wiederum mit Clusterlandkarten abgeglichen werden, um zu prüfen, wie weit die Schwerpunkte regionaler Fördermittelverteilung mit den identifizierten Clustern übereinstimmen.

Die „Clusterplattform Deutschland" unterhält auch bereits eine landkartengestützte Präsentation von mehr als 100 Clustern, bei denen ein Nutzer nach verschiedenen Parametern (Technologiefeld, Bundesland, nach Art der Förderung oder Auszeichnung eines Clusters) filtern kann.

Die Nutzerfreundlichkeit dieses Informationsangebotes schließt neben der dynamischen Landkartendarstellung – beispielsweise führt ein Klick auf einen Kreis mit mehreren Treffern zu einer feiner aufgelösten Kartengröße – auch die Anzeige der Ergebnisse in Tabellenform mit ein. Dort hinterlegte Hyperlinks führen zu den Webseiten der angezeigten Organisationen. Die zugrundeliegenden Informationen sind jedoch zu einem spezifischen Zeitpunkt fixiert worden, basieren also nicht auf dynamischen Datenquellen.

Bis jetzt nicht öffentlich zugänglich in Deutschland, aber in der Regel bereits vorhanden und mit großem Potenzial für Analysen und grafische Aufbereitungen, sind weitere Informationen zum Inhalt eines geförderten Vorhabens, sei es in Form von fest-

---

[7] *Die Bundesregierung: foerderportal.bund.de/foekat/jsp/StartAction.do. Zugegriffen: 01.03.2016*

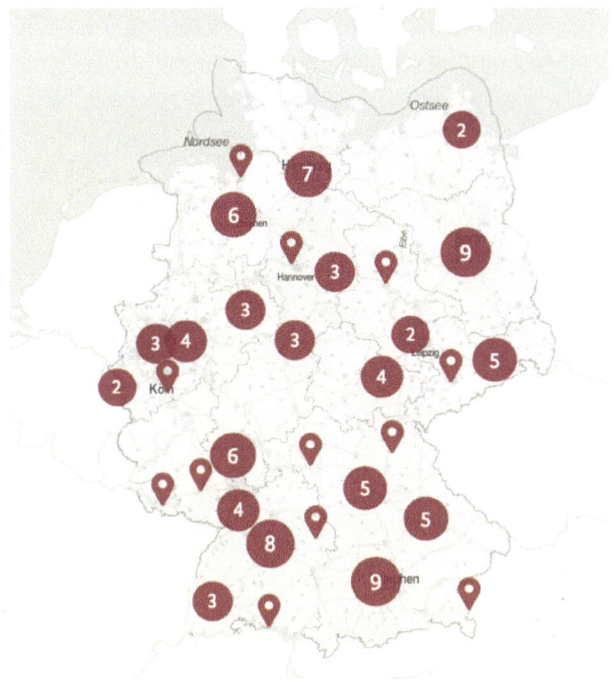

Abbildung 1.2.1.9: Screenshot der Ergebnisse für deutsche Clusterorganisationen[8]

gelegten deskriptiven Meta-Daten zum Forschungsgebiet oder in Form einer textlich gefassten Kurzbeschreibung des Vorhabens. Über die Analyse der Inhalte geförderter Vorhaben könnten Relationen zwischen verwendeten Technologien und ihren Anwendungsbereichen identifiziert werden. So zeigt beispielsweise der Abgleich über die Begriffe „angewandt" oder „findet Verwendung" den Zusammenhang von Technologien und Anwendungen auf. Über weitere Bearbeitungsschritte wären dann auch Darstellungen von regionalen Schwerpunkten für Forschung zu bestimmten Technologien und ihren Anwendungen möglich. Dies wiederum könnte für eine Verifizierung dahingehend genutzt werden, ob bereits identifizierte Cluster auch wirklich mit regionalen Förderschwerpunkten übereinstimmen.

Würden nun weitere Datenquellen berücksichtigt, etwa Patentdatenbanken, bibliometrische Verzeichnisse, wissenschaftsbezogene Artikel aus Fachjournalen

---

[8] *Bundesministerium für Wirtschaft und Energie: www.clusterplattform.de/CLUSTER/ Navigation/Karte/SiteGlobals/Forms/Formulare/karte-formular.html. Zugegriffen: 29.03.2016*

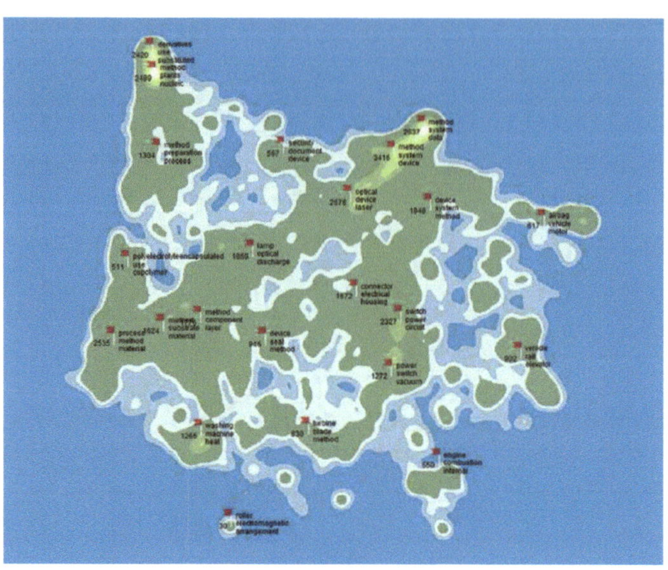

Abbildung 1.2.1.10: Screenshot einer Patentlandkarte[9]

und der Presse oder auch spezifische Diskussionsforen aus sozialen Medien, und setzt man oben genannte Analyseverfahren und Visualisierungen ein, können neue Erkenntnisse für die Innovationspolitik gewonnen werden. Im folgenden Beispiel kombiniert ein Unternehmen Informationen aus Patentdatenbanken mit den Ortsangaben der jeweiligen Erfinder und stellt einander ähnliche Patentklassen grafisch für einen begrenzten regionalen Raum – im Beispiel für Berlin – in Form einer „neuen Landkarte" dar. Eine Häufung von inhaltlich naheliegenden Patenten wird dann – ähnlich auch bei „heat maps" – optisch betont, im Beispiel als geografische Erhebung. Thematisch weit auseinanderliegende Patente, die auf ganz anderen Technologien beruhen, werden als durch „Wasserflächen" getrennte Landflächen angezeigt.

Mit Hilfe dieser neuen Tools könnten auch Forschungs-Outputs, in der Regel Ergebnisse einer Forschungsarbeit, oft in Form von Publikationen oder Patentanmeldungen, in eine Analyse geförderter Vorhaben einbezogen werden. Damit lässt sich zumindest ex-post die Effektivität – d. h. die Input- (öffentlicher Mitteleinsatz)/Output- (Ergebnisse der geförderten Vorhaben) Relation – der staatlichen Zuwendungen in den Blick nehmen.

---

[9] *mapegy: www.mapegy.com/de/news/technologieradar-berlin. Zugegriffen: 29.03.2016*

Ausblick

Neue Analysetools und fortschreitende Speicher- und Datenverarbeitungskapazitäten erschließen immer weitere Datenquellen, die in neuen Kombinationsformen zu neuen Erkenntnissen führen können. Gegenüber einer rein textlichen und/oder numerischen Präsentation von Inhalten verschaffen Visualisierungen oft bereits durch einen anderen, intuitiveren Zugang neue Einsichten. Dabei sind die Einsatzzwecke für Datenvisualisierungen äußerst vielfältig, wie die vielen Beispiele in diesem kurzen Text verdeutlichen.

In hoch-aggregierter Form könnten die in diesem Beitrag dargestellten Analysen und Visualisierungen perspektivisch die Prioritätensetzung z.B. der deutschen Innovationspolitik mit der Hightech-Strategie[10] begleiten, indem sie einerseits die zugrundeliegenden Annahmen für diese Schwerpunkte analytisch-visuell unterstützen und andererseits fortlaufend die Entwicklung der ausgewählten Schwerpunkte in der Umsetzungsphase begleiten und die gesetzten Prioritäten validieren oder alternative Tendenzen aufzeigen.

Regierungsstellen in Deutschland sind jedoch noch zurückhaltend im Einsatz dieser neuen Technologien. Dabei böte eine auf mehreren Datenquellen basierende dynamische und nutzerspezifische Visualisierung großes Potenzial. Dies gilt insbesondere für ein fortlaufendes Controlling der Umsetzung politischer Maßnahmen. Die fortlaufende Einspeisung neuer Informationen zum Umsetzungsfortschritt verschafft über Datenvisualisierungen einen transparenten und stets aktuellen Überblick über die laufenden bzw. abgeschlossenen Prozesse.

Ebenso könnte die Transparenz des Regierungshandelns noch gesteigert werden, indem öffentlich zugängliche Informationsangebote nutzerspezifische Aggregationsmöglichkeiten auf auswählbare Informationen anbieten, wie die zuvor präsentierten Beispiele aus der Schweiz und aus Kanada zeigen.

Literatur

Parenteau J, Sallam RL, Howson C, Tapadinhas J, Schlegel K, Oestreich TW (2016) Magic Quadrant for Business Intelligence and Analytics Platforms. Gartner, Inc. www.gartner.com/doc/reprints?id=1-2XXET8P&ct=160204&st=sb. Zugegriffen: 19.04.2016

---

[10] *Prioritäre Zukunftsaufgaben für Wertschöpfung und Lebensqualität. Die Bundesregierung: www.hightech-strategie.de/de/Prioritaere-Zukunftsaufgaben-82.php. Zugegriffen: 10.03.2016*

1.2.2 Datenökonomie und digitale Effizienz – Die Reduktion und Abstraktion von Daten in der vernetzten Welt

Anett Heinrich, Heiko Kempa, Jochen Kerbusch, Eike-Christian Spitzner

Die Digitalisierung erfordert die Bereitstellung enormer Datenmengen. Diese werden mit Hilfe von vernetzten Sensoren gewonnen. Neben der Quantität ist vor allem die Qualität dieser Daten entscheidend für darauf basierende, innovative Anwendungen. Ein oft unterschätzter, aber wesentlicher Beitrag hierzu ist eine leistungsfähige und effiziente Datenvorverarbeitung. Statt riesige Mengen unbearbeiteter Rohdaten von lokalen Sensoren an Steuerrechner bzw. Big-Data-Infrastrukturen zu schicken, ist es oft sinnvoller, bereits am Ort der Messung auf wesentliche Informationen zu reduzieren. Darüber hinaus bietet dieser hardwarebasierte Ansatz ein erheblich höheres Maß an Datensicherheit und -schutz, da nur das Minimum an erforderlichen Informationen übertragen und zentral gespeichert wird.

Motivation und Vision

In immer mehr Bereichen des täglichen Lebens hält die Digitalisierung Einzug, um uns den Alltag zu erleichtern. Schlagworte wie Internet der Dinge, Industrie 4.0, Smart Home oder Telemedizin sind in aller Munde. Der Schlüssel zur Innovation in diesem Feld liegt in der Vernetzung intelligenter Geräte und der damit möglichen Nutzung vieler, dezentral gewonnener Daten. Die Vision ist das umfassende Sammeln aller verfügbaren Informationen, um sie auszuwerten und auf dieser Basis verschiedenste Dienstleistungen anzubieten. Dabei ist neben der Quantität vor allem die Qualität der genutzten Daten entscheidend für die Qualität der darauf basierenden Anwendungen. Ein wesentlicher Beitrag hierzu ist eine leistungsfähige und effiziente Datenvorverarbeitung. Statt riesige Mengen an Informationen von lokalen Sensoren an eine übergeordnete Infrastruktur zu schicken, ist es oft sinnvoller, den Datenstrom mit Hilfe effizienter Hardware bereits am Ort der Messung auf die für die Verarbeitung wesentlichen Informationen unter Berücksichtigung von Datensicherheit und Datenschutz zu reduzieren.

Ein typischer Tag in der digitalisierten Welt

Der Wecker klingelt. Dank der Sensorik, die den Schlaf überwacht hat, nicht in einer Tiefschlafphase. Im Bad erkennt die Zahnbürste zu viel Druck und weist den Nutzer darauf hin, dass er bestimmte Zähne vernachlässigt. Die Kaffeemaschine kennt den individuellen Kaffeekonsum. Auch der Herd schaltet sich automatisch ab, wenn das Wasser zum Kochen der Eier überläuft. Beim Frühsport erkennt der Fitnesstracker den Puls und die Schrittzahl, der smarte Schuh weist auf einen schlechten Laufstil hin. Die intelligente Waschmaschine misst automatisch Beladung sowie Verschmutzung und sorgt für die richtige Dosierung des Waschmittels. Zum Auto: Durch die Speicherung der gewünschten Sitz-, Spiegel- und Lenkradposition auf dem Smartphone werden die personifizierten Einstellungen direkt beim Einstieg ins Auto vorgenommen. Auf dem Weg zur Arbeit überwachen Radar-, Ultraschall- sowie optische Sensoren die Fahrt. GPS-gemessen kennt das Fahrzeug stets seine Position. Mit all diesen Systemen weist es auf den Radfahrer hin, den man beim Abbiegen fast übersehen hätte. Auch das Rad verfügt über Sensoren und GPS, die das Licht nur bei Dunkelheit einschalten und den Weg weisen. Der Fahrer trägt statt eines Helmes einen Airbag, der sich bei einem Unfall sensorgesteuert ausgelöst hätte. In der Tiefgarage am Arbeitsplatz überwachen Sensoren die Belegung, LEDs zeigen den Weg zum nächsten freien Platz. Der Mitarbeiterausweis wird an jeder Tür erkannt und gewährt Zutritt. In den Produktionshallen überwachen Sensoren den Gefahrenbereich, um Kollisionen mit unbemannten Fahrzeugen oder Montagerobotern zu vermeiden. Kontinuierlich wird per Umweltkontrolle die Luft auf Giftstoffe untersucht. Maschinen lassen sich aus der Ferne bedienen und melden Fehlfunktionen oder das nahende Ende eines Wartungszyklus. Feierabend. Sensoren registrieren die Einkäufe und beschleunigen das Kassieren. Der Einkaufswagen merkt, wenn er das Gelände des Marktes verlässt und schlägt Alarm. Zurück zu Hause lauscht der Fernseher auf Sprachbefehle und erkennt, ob sich jemand vor dem Gerät befindet und richtet es entsprechend aus.

So könnte ein ganz normaler Tag in einer Welt voller Sensoren aussehen. Die Darstellung ist sicher unvollständig, aber alle Beispiele sind bereits Realität, wobei typische Vertreter wie die zahllosen Überwachungskameras, Bewegungsmelder, Verkehrsüberwachungsanlagen, Temperaturfühler, Windmesser etc. noch gar nicht berücksichtigt wurden. Auch die umfassende Vernetzung der einzelnen Sensoren und die Verschmelzung der Daten in der Cloud wurden hier noch nicht betrachtet.

Was bedeutet „vernetzte Welt"?

Im Beispiel handelt es sich zumeist um Sensor- und Elektroniksysteme, die jeweils auf Basis relativ weniger Messdaten vereinzelt auch online kommunizieren, aber lokal begrenzt agieren. In Summe sind die gewonnenen Informationen jedoch vielfältig und ermöglichen zusammengeführt noch deutlich höherwertige Dienstleistungen. Doch was bedeutet es technisch, wenn wirklich alle Sensoren alle Messdaten permanent über Datennetze an eine oder mehrere externe Stellen senden?

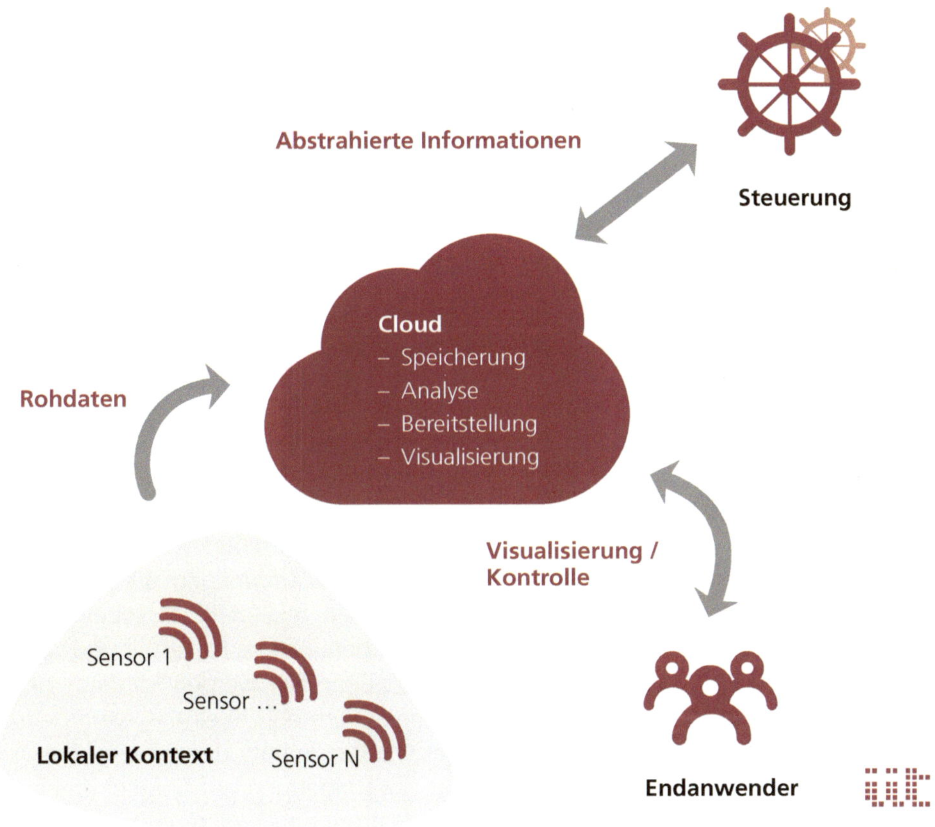

Abbildung 1.2.2.1: Übliches Konzept der Cloud-basierten Dienste: Lokale Sensoren kommunizieren alle Rohdaten zur Auswertung und Bereitstellung an die Cloud, auf die Endanwender sowie Steuerungsinstanzen zugreifen können.

Heute greifen etwa 15 Milliarden Geräte auf das Internet zu. Durch das Internet der Dinge wird diese Zahl zweifelsfrei stark anwachsen. Manche Experten gehen von bis zu 50 Milliarden weltweit vernetzten Geräten im Jahr 2020 aus (Hein 2015), andere von 500 Milliarden im Jahr 2030 (BMWi 2015). Smarte Systeme[1] sind in der Regel dauerhaft in Betrieb. Dauerhaft große Datenmengen durch das Internet zu senden, ist

---

[1] *Smarte Systeme sind eigenständige intelligente, technische Komponenten mit erweiterter Funktionalität, die in der Lage sind, ihre Umgebung zu erfassen, einen Zustand zu analysieren, darauf aufbauend Vorhersagen und Entscheidungen zu treffen und auf ihre Umwelt Einfluss zu nehmen. Sie sind hoch-miniaturisiert, vernetzt und meist energieunabhängig.*

jedoch schon aus technischer Sicht keine Lösung: Geht man von 500 Milliarden Geräten aus, so würde bereits das Verschicken je eines einzelnen IP-Datenpaketes (kleinste Einheit im Internet-Übertragungsprotokoll) pro Sekunde enorme Übertragungskapazitäten voraussetzen, vergleichbar mit Hunderten von Millionen Nutzern, die gleichzeitig ultrahochaufgelöstes Fernsehen über das Internet empfangen. Und dies ist eine Minimalbetrachtung. Sendet eine größere Menge von vernetzten Sensorsystemen unverarbeitete Rohdaten, so wird der Ansatz, alle Daten ohne Vorverarbeitung zu senden, allein aus Gründen der Übertragungskapazitäten technisch unmöglich.

Was bedeutet „Reduktion und Abstraktion von Daten"?

Um die wachsende, aus wirtschaftlichen Gründen aber immer begrenzte Bandbreite nicht zu sprengen, sind Konzepte erforderlich, die die Datenflut eindämmen. Dies kann durch Auslassen von Messwerten geschehen. Nicht für alle Anwendungen sind Echtzeitdaten erforderlich, sondern weitaus längere Messintervalle ausreichend. Doch das ist nur ein Anfang. Ein Sensor, der periodisch einen Messwert zur Zustandsüberwachung ausgibt, produziert und kommuniziert Unmengen an irrelevanten Daten über den Normzustand. Stattdessen kann ein regelmäßiges Lebenszeichen und gegebenenfalls ein Fehlersignal gesendet werden. Erst im Fehlerfall sind weitere Informationen erforderlich, die bedarfsgerecht abgerufen werden können. Neben einer Reduktion der zu übertragenden Datenmenge ermöglicht eine Vorverarbeitung durch effiziente Hardware auch ein erhöhtes Maß an Schutz der Privatsphäre. Wer möchte z. B., dass der Fernseher permanent die Umgebung auf Sprachbefehle hin überwacht, indem er einen permanenten Datenstrom an einen zentralen Server der Herstellerfirma zur Auswertung sendet?

Abgesehen von sehr einfachen Ausnahmen ist für die maschinelle Auswertung und Interpretation von Sensordaten ohnehin eine Vorverarbeitung erforderlich. Von Sensorsystemen erzeugte Daten müssen in der Regel für die Verarbeitung durch komplexere Software konditioniert werden. Dafür existieren zahlreiche mathematische und informationstechnische Verfahren, die auf den jeweiligen Anwendungsfall zugeschnitten zum Einsatz kommen und der Bereinigung, Reduktion und Extraktion von Daten dienen.

Die zugrundeliegenden Algorithmen können sowohl als Software als auch als Hardware in Form von diskreten oder integrierten mikroelektronischen Schaltungen umgesetzt werden. Bei herkömmlichen Anwendungen wird die Datenvorverarbeitung in derselben Hardwareumgebung wie die eigentliche Datenauswertung ausgeführt und typischerweise als Software implementiert. Dadurch werden Hardwarekosten eingespart und Flexibilität bei der Programmierung gewonnen. Auf der anderen Seite müssen alle Rohdaten übermittelt werden, was die Bandbreite belastet, Sicherheitsfragen aufwirft und ein hohes Maß an Energie kostet.

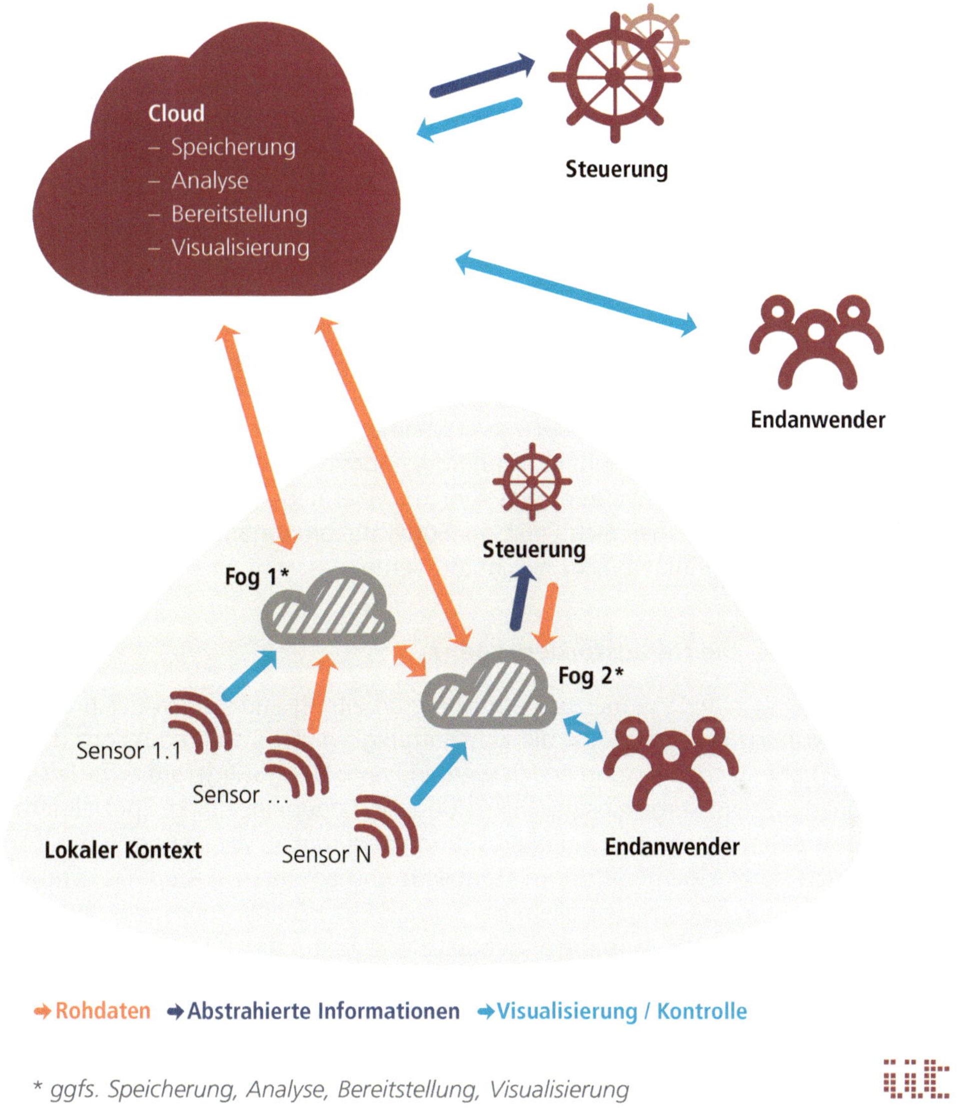

Abbildung 1.2.2.2: Konzept der abstrahierten Kommunikation: Lokale Sensoren kommunizieren abstrahierte und/oder Rohdaten an einen lokalen Verbund („Fog"), der wiederum nur abstrahierte Daten an die Cloud weiterleitet oder von dort erhält bzw. den Zugriff im lokalen Kontext erlaubt. Über die Cloud können externe Endanwender sowie Steuerinstanzen nur indirekt auf die Sensordaten zugreifen.

Um ausreichende Sicherheitskonzepte zu etablieren, müssen Unternehmen zunächst investieren. Ein Lösungsansatz besteht in einer effektiven und effizienten, hardwarebasierten Datenvorverarbeitung auf Sensorebene oder hierarchisch gestaffelt auch auf Ebene eines oder mehrerer Gateways, die die Daten aus vielen Sensoren zu einer Gesamtinformation verschmelzen und abstrahieren, wie es mit dem „Fog Computing" vorgeschlagen wurde.[2] Dies muss bereits vor der Vernetzung geschehen, da nachträgliche Versuche meist zum Scheitern verurteilt sind. Wichtige Aspekte, die für die Sicherheit in Betracht gezogen werden sollten, sind einerseits die Weiterleitung und Speicherung von lediglich notwendigen Daten, eine Verschlüsselung der zu übertragenden Daten sowie ein separater Schutz der gespeicherten Daten am Sammelpunkt (Server). Angriffe auf die Sicherheit lassen sich grundsätzlich nicht ausschalten. Daher gilt es den Angreifern so wenig Angriffsfläche wie möglich zu bieten. Vorteil der hardwarebasierten Datenvorverarbeitung direkt am Sensor ist die selektive Weitergabe von Informationen. Nur hardwarebasiert kann ein definitives Aussortieren von Daten realisiert werden. Dies führt zu einer Reduktion der zu übertragenden Daten. Daten, die gar nicht erst an Softwarekomponenten übergeben oder übertragen werden, müssen nicht geschützt werden.

Worin bestehen die Herausforderungen?

Die Anforderungen an Systeme zur Datenvorverarbeitung sind stark widersprüchlich: Einer der wichtigsten Aspekte ist die Echtzeitfähigkeit der Datenreduktion, die nur durch eine hohe Rechenleistung erzielt werden kann. Diese wiederum erfordert entweder einen hohen Energieeinsatz (Mikrocontroller) oder eine starke Spezialisierung auf Hardwareebene (sog. ASICs). Ersteres führt wiederum zu verkürzten (Akku-)Laufzeiten, Letzteres zu einem Verlust an Flexibilität und erhöhten Kosten. Der Entwicklungsaufwand für ASICs ist vor allem bei kleinen Stückzahlen sehr hoch. Weiterhin können an eine spezielle Aufgabe angepasste Verarbeitungssysteme nicht auf einfache Weise während der Lebensdauer an neue Bedürfnisse angepasst werden. Ihre Funktionen und ihre Datenausgabe werden zum Zeitpunkt der Entwicklung vorgegeben, eine in der Hardware nicht vorgesehene Funktion kann kaum nachträglich hinzugefügt werden. Modifikationen sind nur in geringem Umfang möglich. Dem gegenüber steht eine erheblich höhere Leistungsfähigkeit der spezialisierten Funktionen bei gleichzeitig geringerem Energieverbrauch als bei softwarebasierten Systemen, die auf Mikrocontrollern ausgeführt werden. Gerade im Bereich der Sensornetzwerke ist dies ein sehr wichtiger Aspekt, da einzelnen batteriegespeisten Knoten nur geringe Energiemengen zur Verfügung stehen.

---

[2] *FOGnetworks: fognetworks.org/whitepapers. Zugegriffen: 18.05.2016*

Es muss also ein Kompromiss aus Leistungsfähigkeit, Energieeffizienz und Flexibilität gefunden werden. Dieser kann jedoch nicht allgemeingültig formuliert werden, da das Anwendungsspektrum zu breit ist, sondern muss anwendungsspezifisch aufgestellt werden. Dabei würde ein modularer Baukasten – aus Hardwarekomponenten für spezifische, besonders zeit- und energiekritische Aufgaben sowie Softwaremodulen für den flexiblen Einsatz – maßgeschneiderte Lösungen ermöglichen.

Aus Sicht der Systemanbieter müssen Systeme zur Datenreduktion und Abstraktion neben der Möglichkeit des Maßschneiderns anwendungsspezifischer Lösungen einfach in der Handhabung und Integration sein. Dies kann nur durch ein hohes Maß an Selbstorganisation und Selbstkonfiguration erreicht werden. Jedoch bergen solche automatisierten Routinen sicherheitsrelevante Risiken in sich.

Aus Sicht der Endanwender stehen vor allem die großen wirtschaftlichen Chancen im Vordergrund, die durch eine allumfassende Vernetzung und darauf basierenden Geschäftsmodellen entstehen. Wichtig ist dennoch, dass die Datenflut idealerweise schon am Ort der Messung gefiltert wird, denn Daten an sich schaffen keinen Wettbewerbsvorteil, sondern dieser hängt von der Auswertung ab.

Beispielsweise kann die Vernetzung von Geräten und Prozessen im Gesundheitswesen die Effizienz von Behandlungen und Pflege steigern. So lassen sich Gesundheitsdaten von Patienten unabhängig vom Aufenthaltsort automatisiert erfassen und auswerten. Diese Vernetzung birgt neben enormen wirtschaftlichen Chancen für Unternehmen auch erhebliche Risiken des Informationsmissbrauchs – noch deutlicher als im Beispiel des lauschenden Fernsehers. Das Zusammenführen von Daten ohne eine demokratische Legitimation und Kontrolle birgt inhärent das Potenzial einer informationellen Ausbeutung und kann die Grundrechte der Menschen massiv verletzen. Der Zugriff auf persönliche Daten und deren Monetarisierung durch Weitergabe an Dritte kann zudem zu einer nicht unerheblichen Änderung der Geschäftsbeziehung führen. Vergütet der Nutzer eine Dienstleistung mit seinen Daten und nicht mit Geld, so ist er nicht mehr der Kunde, sondern im Prinzip die Ware. Zudem kann die Datenweitergabe unerwünschte Folgen haben, z. B. bei Bewerbungsverfahren im Berufsleben oder bei Versicherungen. Deshalb spielen umfassende Sicherheitskonzepte in der vernetzten Welt eine zentrale Rolle. Alle Systeme, die über das Internet miteinander verbunden sind, können kompromittiert und die darin übermittelten Daten missbraucht werden. Es gilt der Grundsatz: „Alles was gehackt werden kann, wird auch gehackt!" (Sabine Herlitschka, Vorstandsvorsitzende Infineon Austria, in Dobrowolski 2015). Somit ist jedes mit dem Internet verbundene Gerät grundsätzlich in Gefahr.

Umfassendes Risikomanagement ist also ein weiterer wichtiger Aspekt für erfolgreiche Systeme zur Datenreduktion und Abstraktion, der hauptsächlich in den in der ISO 27001 abgebildeten Bereichen Datenverfügbarkeit, Datenintegrität sowie Datensicherheit im Sinne von Zugangskontrolle und Datenverlust wiedergegeben wird. Ein hoher Grad an Verschlüsselung sowie der inhärent erhöhte Schutz der Privatsphäre durch die Abstraktion von Daten am frühestmöglichen Punkt im System bilden dafür die Grundlage. Verfügbarkeit und Integrität sind für das einwandfreie Funktionieren in der Cloud angesiedelter Anwendungen erforderlich. Hier muss im Einzelfall abgewogen werden, wie kritisch die Verfügbarkeit der auf den Daten basierenden Anwendung ist. Im gleichen Zuge bestehen hohe Anforderungen an die Datenqualität. Die Abstraktion wird per se die Qualität erhöhen, jedoch müssen die anwendungsspezifischen Systeme eine entsprechend hohe Erkennungsrate aufweisen. Insbesondere bei der Überwachung kritischer Funktionen dürfen wichtige Ereignisse nicht „übersehen" werden. Fehlalarme sind zwar ebenfalls unerwünscht, wären aber durch eine Überprüfung als solche erkennbar und deshalb als weitaus weniger kritisch einzustufen.

Fazit

Der Bedarf an einer effizienten Datenvorverarbeitung, d.h. einer Reduktion und Abstraktion von Daten, ist evident. Weiterhin sind auf den individuellen Anwendungsfall maßgeschneiderte Lösungen unerlässlich. In vielen Fällen ist dabei ein hardwarebasierter Ansatz aufgrund der besseren Sicherheit sowie der höheren Effizienz einer reinen Softwarelösung vorzuziehen. Die technischen Voraussetzungen dafür sind im Wesentlichen bereits heute erfüllt. Die größten Hürden bestehen im Fehlen einer Standardisierung, einem Mangel an modularen, kompatiblen Konzepten und in der Tatsache, dass eine Standardtechnologie ausgewählt werden müsste, auf der anschließend immer weiter aufgebaut wird, anstatt immer neue Technologien aufzusetzen. Darüber hinaus ist der Ansatz, den Idealzustand in der Verschmelzung und Analyse aller theoretisch verfügbaren Informationen zu sehen, kritisch zu hinterfragen.

Erst mit Einzug der genannten Faktoren in die Umsetzung von vernetzten, digitalen Dienstleistungen kann eine für alle Seiten vorteilhafte Wertschöpfung erfolgen. Für kleine und mittelständische Unternehmen sind hardwarebasierte Lösungen, die speziell auf ihre Anwendungsgebiete ausgerichtet, zugleich stromsparend und angriffsgeschützt sind, eine nicht unerhebliche Investition. Um auch diese Unternehmen von hardwarebasierten Lösungen zur Datenvorverarbeitung überzeugen zu können, ist es notwendig, standardisierte Einzelpakete dieser Hardware als einen individuell erweiterbaren Baukasten zu entwickeln und diese dann in der Massenproduktion kostengünstig anzubieten. Erst damit können neue Geschäftsmodelle aufgebaut und bestehende der Zeit angepasst werden. Die Anbieter solcher Systeme profitieren von einem Standard durch neue Produkte. Nicht zuletzt profitieren die Anwender von einfacher, sicherer Handhabung und von der Gewissheit, dass ein Informationsmissbrauch erschwert wird. Datensicherheit kann, ebenso wie Energieeffizienz und Benutzerfreundlichkeit, in einer Welt im Wandel niemals ein Zustand sein, sondern wird immer ein Prozess bleiben.

Literatur

Bundesministerium für Wirtschaft und Energie (BMWi) (2015) Impulse für die Digitalisierung der deutschen Wirtschaft. Digitale Agenda des BMWi. www.bmwi.de/BMWi/Redaktion/PDF/I/impulse-fuer-die-digitalisierung-der-deutschen-wirtschaft. Zugegriffen: 19.04.2016

Dobrowolski P (2015) „Pflegeroboter sind eine attraktive Idee". Wiener Zeitung, 12.12.2015. www.wienerzeitung.at/themen_channel/wz_reflexionen/zeitgenossen/790661_Pflegeroboter-sind-eine-attraktive-Idee.html. Zugegriffen: 19.04.2016

Hein M (2015) Kommentar: Internet der Dinge. Risiken des IoT. funkschau, 05.03.2015. www.funkschau.de/datacenter/artikel/117680. Zugegriffen: 19.04.2016

Open Access Dieses Kapitel wird unter der Creative Commons Namensnennung 4.0 International Lizenz (http://creativecommons.org/licenses/by/4.0/deed.de) veröffentlicht, welche die Nutzung, Vervielfältigung, Bearbeitung, Verbreitung und Wiedergabe in jeglichem Medium und Format erlaubt, sofern Sie den/die ursprünglichen Autor(en) und die Quelle ordnungsgemäß nennen, einen Link zur Creative Commons Lizenz beifügen und angeben, ob Änderungen vorgenommen wurden.

Die in diesem Kapitel enthaltenen Bilder und sonstiges Drittmaterial unterliegen ebenfalls der genannten Creative Commons Lizenz, sofern sich aus der Abbildungslegende nichts anderes ergibt. Sofern das betreffende Material nicht unter der genannten Creative Commons Lizenz steht und die betreffende Handlung nicht nach gesetzlichen Vorschriften erlaubt ist, ist für die oben aufgeführten Weiterverwendungen des Materials die Einwilligung des jeweiligen Rechteinhabers einzuholen.

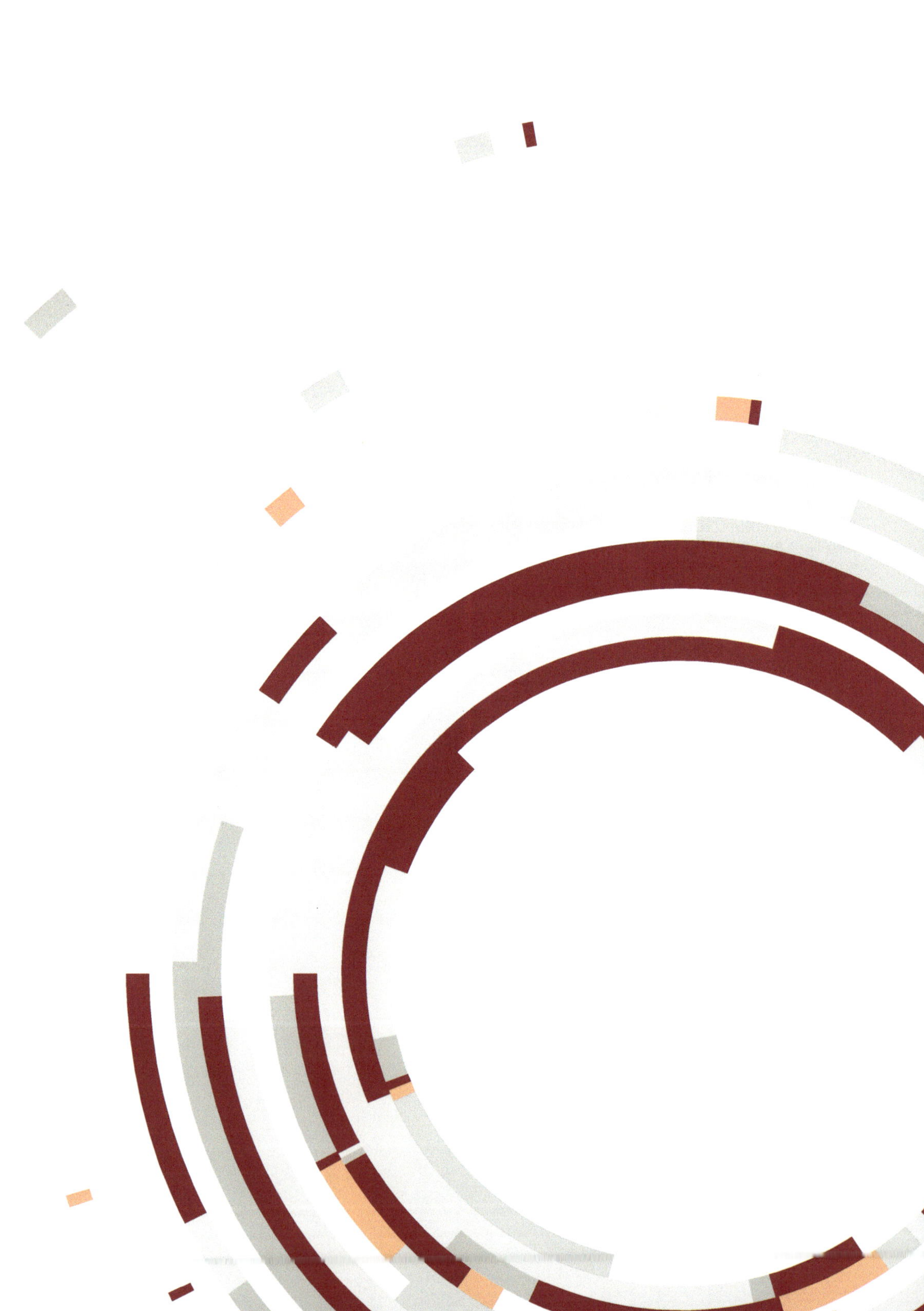

ARBEITEN UND LERNEN

Neue Lernwelten

—

Beschäftigungseffekte und Perspektiven der Arbeitsgestaltung

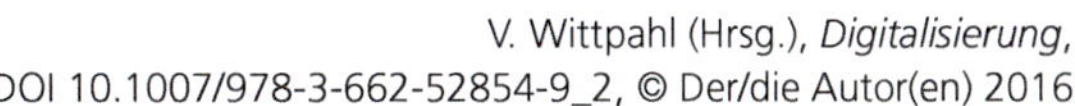

V. Wittpahl (Hrsg.), *Digitalisierung*,
DOI 10.1007/978-3-662-52854-9_2, © Der/die Autor(en) 2016

27 Prozent der deutschen Unternehmen erwirtschaften mehr als **60 Prozent** ihres Umsatzes digital. Der Umsatz der Sharing- oder auch Gig-Economy wird für das Jahr 2025 auf etwa **335 Milliarden US-Dollar** geschätzt. Die Weltbank geht von weltweit **112 Millionen** überwiegend in Teilzeit beschäftigten Crowdworkern aus. Die deutsche Digitalwirtschaft verzeichnete im Jahr 2014 einen weltweiten Umsatz von **221 Milliarden Euro**. Ein Industrieroboter kostet den Autokonzern Volkswagen je nach Einsatz und Maschinenart im Schnitt rund **5 Euro** pro Stunde; die Kosten für eine Arbeitskraft liegen bei mehr als **40 Euro** pro Stunde. **1.000 Mitarbeiter** bei SoftBank Robotics produzieren bis zu **2.000 Roboter** pro Woche. Big-Data-Analysen werden lediglich von **18 Prozent** der deutschen Unternehmen eingesetzt.

NEUE LERNWELTEN

Digitales Lernen

Jens Apel, Wenke Apt

—

Digitalisierung verändert den Lernort Hochschule

Sabine Globisch

—

Perspektivische Veränderungen in der Wissenschaft

Volker Wittpahl

2.1.1 Digitales Lernen

Jens Apel, Wenke Apt

Das digitale Lernen erfährt derzeit hohe Aufmerksamkeit. Im Zentrum des Beitrags stehen die Potenziale digitaler Lernsysteme für den Lernerfolg und die gesellschaftliche Teilhabe im Lebensverlauf. Diese Zieldimensionen werden in einer generationenübergreifenden Betrachtung für die Lernorte Schule, Hochschule, Beruf und das dritte Lebensalter ab 60 Jahren beleuchtet. Eine zugrundeliegende These ist, dass die Chancen des digitalen Lernens erst mit einem ganzheitlichen pädagogisch-didaktischen Konzept wirksam werden.

Digitale Medien in der Bildung bieten die Möglichkeit der multimedialen, interaktiven, vernetzten und interdisziplinären Darstellung von Inhalten. Im Fokus der aktuellen Forschung stehen die Interaktion der Lernanwendungen mit dem Lernenden und die Individualisierung des technisch unterstützten Lernprozesses. Virtuelle, sogenannte immersive, Lernumgebungen sowie komplexe Simulationen und Lernspiele, wie im „game-based learning", bieten vielfältige Gestaltungsoptionen für das formelle wie informelle Lernen im Lebensverlauf. Etwa können Computer- und Lernspiele die gleiche kognitive Komplexität wie ein umfassendes literarisches Werk haben und hohe Anforderungen an die multimedialen Fähigkeiten stellen. In Zukunft können diese Fähigkeiten von hohem Wert sein, etwa wenn Unternehmen ihre Mitarbeiter in Computersimulationen schulen, wie in Hochrisikobereichen in der Luftfahrt oder beim Militär bereits üblich. Dabei können Spiele auch sehr kommunikativ sein und Einblick in die Funktionsweise digitaler Technologien und die zugrundeliegenden Algorithmen vermitteln (Schäfer 2014). Diese „Gamification" (also der Einsatz spielerischer Elemente und Anreize) von Lerninhalten kann nach Expertenmeinung helfen, Menschen unterschiedlichen Alters besser auf die neuartigen Herausforderungen einer digitalen Lebens- und Arbeitswelt vorzubereiten (Mannino et al. 2015).

Der empirische Nachweis eines Lernvorteils gegenüber traditionellen Lernmedien steht jedoch noch aus. Die Nutzung digitaler Medien müsste dann zu einem vergleichsweise höheren Wissenszuwachs oder zu einer besseren Problemlösungsfähigkeit oder Transferfähigkeit führen (Herzig 2014). Einige Studien weisen digitalen Lernmedien einen moderat lernförderlichen Effekt nach. Auch zeigen sich beispielsweise bei Schülern positive Effekte in überfachlichen Kompetenzbereichen wie höhere Motivation (wenn auch zeitlich begrenzt), bessere Medienkompetenz im Umgang mit technischen Geräten, stärkere Selbststeuerung und höhere kognitive Komplexität bei der Verarbeitung und Speicherung von Informationen (Herzig 2014). Die konkrete Lernwirksamkeit hängt jedoch sehr stark vom spezifischen Lernsetting und dem Lernenden selbst ab (Schaumburg 2015). Dabei zeigt sich, dass insbesondere die technische Infrastruktur (im Sinne einer hohen Ausstattungsdichte, einer verlässlichen technischen Funktionsfähigkeit und einer Verfügbarkeit qualitativ hochwertiger Software), das Vorhandensein technik-didaktischer Lernkonzepte ebenso wie auch das Vorwissen und die Selbstlernkompetenzen der Lernenden entscheidend sind. Insbesondere wenn es um die selbstständige Aneignung neuer Lerninhalte geht, schaffen digitale Medien Zugang zu einem beinahe grenzenlosen Informationspool, der jedoch auch gewisse Risiken für das Lernen schafft. Dazu zählen auf Ebene des Lernenden vor allem Ablenkung vom eigentlichen Lerngegenstand und die oberflächliche Verarbeitung von Informationen sowie auf der Ebene der Lehrenden mangelnde digitale Kompetenz, Technikskepsis und geringe Innovationsbereitschaft. Weiterhin zeigen sich soziodemografische Unterschiede im Umgang mit digitalen Medien – etwa hinsichtlich Geschlecht, Bildungsgrad und sozialer Herkunft –, die sich auf den individuellen Lerneffekt auswirken und digitale Ungleichheiten manifestieren können (Schaumburg 2015).

In der Vergangenheit waren viel Wissen und praktische Erfahrungen in den Köpfen von Experten, Fachbüchern oder Aktenschränken abgelegt. Zunehmend wird dieses Wissen in digitaler Form gespeichert und dargeboten. Mittels digitaler Technik gelingt es nun, Wissen und Expertise zu äußerst niedrigen Kosten zu replizieren und auf intelligente Maschinen zu übertragen (Suesskind und Suesskind 2015). Damit wird lexikalisches Wissen weniger wichtig und non-formale Fähigkeiten zu selbstständigem Handeln, Selbstorganisation oder Abstraktion erlangen höhere Bedeutung (Wolter et al. 2015). Gleichzeitig werden Wissens- und Tätigkeitsbereiche durchlässiger, da etablierte Experten weniger als Torwächter („gatekeeper") wirken können, um gegebenenfalls die eigene Position durch den Rückhalt wichtiger Informationen zu sichern (Suesskind und Suesskind 2015). Durch den gleichmäßigeren, egalitäreren Zugang zu Wissen kommt es zu einer „Demokratisierung des Wissens". Es ist heute nicht mehr notwendig, Informationen auswendig zu lernen, da alles in Sekundenschnelle auf einem digitalen Gerät zur Verfügung steht. Zumindest in einem abgegrenzten Gebiet ist es möglich, sich innerhalb einer kurzen Zeit zu einem „instant expert" fortzubilden. Bereits heute ist es möglich, über das Handy in natürlicher Sprache nach Informationen wie „Wann wurde Einstein geboren?" oder „Wie heißt die Hauptstadt von Kenia?" zu suchen. In Zukunft werden noch viel komplexere Fragen gestellt werden können.

Die Rolle der Lehrer verändert sich durch diese technologische Entwicklung grundlegend; sie werden zu Lernberatern: „Digitale Endgeräte zertrümmern die Hierarchie im Klassenzimmer: Wenn alle online sind, ist der Lehrer nicht mehr allwissend" (Schäfer 2014, S 6). Die Medienkompetenz vieler deutscher Lehrkräfte scheint jedoch begrenzt: „Wer gern ins Internet geht, wird nicht unbedingt Lehrer." Unter Lehramtsstudenten fristen beispielsweise Seminare in Medienpädagogik ein Nischendasein (Schäfer 2014). Das ist bedenklich, da Lehrer im Grunde ein zentrales Element in einem digitalen Lernsetting sind. Der Lerneffekt digitaler Medien hängt vor allem von ihrem methodisch-didaktischen Setting, ihrem fachlich-inhaltlichen Wissen und ihren technischen Fähigkeiten ab. Gleichzeitig verändert sich ihr Auftrag: Lehrende müssen den Lernenden helfen, die vielen verfügbaren Informationen zu sortieren, Relevantes von Irrelevantem zu unterscheiden und in einen Zusammenhang zu setzen. Damit vermitteln sie den Lernenden eine elementare Fähigkeit, sich im heutigen „digitalen Universum" zurechtzufinden, nämlich „Informationskompetenz", also die „Fähigkeit, in einem bunten Bilderstrom Wichtiges von Unwichtigem zu trennen" (Schäfer 2014, S 4). Auch für Marc Prensky, der einst den Begriff des „Digital Native" prägte, zählen die digitale Kompetenz und insbesondere das Programmieren zu den Schlüsselqualifikationen des 21. Jahrhunderts, gleichrangig mit Lesen, Schreiben und Rechnen. Demnach gehöre jenen die Zukunft, die die Interaktion von Mensch und Maschine beherrschen (Schäfer 2014, S 4). In ähnlicher Weise argumentieren Forscher in einem Positionspapier zur Künstlichen Intelligenz, dass „gezielte EDV- und Programmierkenntnisse" stark an Relevanz gewinnen, „während auswendig gelerntes Wissen an Wert verliert" (Mannino et al. 2015, S 7).

Schule

Digitale Medien sind bisher an deutschen Schulen noch nicht ausreichend als Lehr- und Lernmittel etabliert, gewinnen jedoch zunehmend an Bedeutung. Im Vergleich zu den führenden Ländern wie Australien, Dänemark, Norwegen und den Niederlanden besteht Aufholbedarf hinsichtlich Ausstattungsdichte mit digitalen Medien und Nutzungshäufigkeit digitaler Medien im Unterricht. Digitale Medien scheinen im derzeitigen Schulalltag nur ein Baustein in Lehrplänen und Lernprojekten zu sein, meist örtlich und inhaltlich separiert von anderen Lerninhalten. Kaum verbreitet sind demnach die – in Australien, Dänemark oder Norwegen üblichen – integrierten Lern-Management-Systeme, die das schulische und häusliche Lernen miteinander verknüpfen (Schaumburg 2014). Die vergleichsweise schlechte technische Ausstattung deutscher Schulen limitiert bereits die Weiterentwicklung digitaler Geschäftsmodelle in Deutschland im Bereich Lernmedien. Laut Cornelsen-Verlag gibt es „keinen Markt". Alle Beschaffungswege der Schulen seien auf Print ausgelegt (Schäfer 2014). Für die Zukunft wird jedoch – auch mit Blick auf die späteren Anforderungen in Schule und Beruf – ein Wandel hin zu sogenannten flipped-classroom-Methoden immer wichtiger: Die Schüler erarbeiten sich mittels digitaler Hilfsmittel bestimmte Lerninhalte und können im Unterricht Fragen stellen; der Lehrer geht dann verstärkt auf diese kritischen Punkte des Stoffes ein. Zusätzlich ermöglichen es digitale Lehr- und Lernsysteme zunehmend den traditionellen Klassenraum zu verlassen und direkt am eigentlichen Lerngegenstand zu studieren. Vorstellbar sind hier digital vermittelte Sprachprogramme, die es ermöglichen, eine Fremdsprache direkt mit einem Muttersprachler zu lernen.

Hochschule

An den Universitäten unterscheiden sich die Voraussetzungen zum Einsatz digitaler Lehr- und Lernsysteme stark von denen an Schulen. Studenten bringen im Normalfall ihre eigene Hardware in Form von Laptops, Tablets und Smartphones mit. Daher ist auch der Einsatz digitaler Lehr- und Lernsysteme an deutschen Hochschulen in den vergangenen 20 Jahren stark gestiegen. Bestehende digitale Ansätze beschränken sich jedoch meist noch auf die Einbindung von sozialen Netzwerken oder das Angebot von Online-Kursen. Letzteres wird von deutschen Studierenden vor allem ergänzend zur Präsenzvorlesung und zur Vorbereitung auf Klausuren genutzt (Weingartner 2015). In Flächenländern wie Amerika, Russland, China oder Australien sind solche E-Learning-Plattformen dagegen wesentlich weiter verbreitet als in Deutschland. Vor diesem Hintergrund gab beispielsweise der E-Learning-Anbieter Coursera im Frühjahr 2016 bekannt, künftig einen Online-Lehrplan nach Baustein-Prinzip zu einem Preis von etwa 20.000 US-Dollar anzubieten, der zu einem „realen" Masterabschluss in Datenwissenschaften von der University of Illinois führt. Derzeit absolvieren weltweit mehr als 15 Millionen Menschen Online-Kurse bei Coursera (Wang 2016). Eine Integration des individuellen Wissensstands und des persönlichen Lernfortschritts sind zwar aktuelle Forschungsthemen im Bereich der Mensch-Technik-Interaktion. In der universitären Lehre sind robuste Systeme jedoch noch nicht vorzufinden. Neue Interaktionsformen sowie Kontexterkennung werden noch nicht ausreichend genutzt und das didaktische und integrative Potenzial bestehender Lehr- und Lernansätze oft nicht ausgeschöpft.

Im Fokus der Forschung steht die Entwicklung von Lehr- und Lernsystemen einer neuen Art und Qualität, die es in der Interaktion mit dem Menschen ermöglichen, Lerninhalte erfahrbar und besser begreifbar zu machen. Dadurch sollen Möglichkeiten geschaffen werden, Wissen und Fertigkeiten effizient und praxisnah zu erwerben oder zu erlernen. Im Mittelpunkt stehen dabei neue Formen der Mensch-Maschine-Interaktion, die individuelle Anpassung des Lernprozesses an Wissensstand und Lernanforderungen wie auch die direkte Rückspiegelung des Lernfortschritts.

Beispielsweise werden anfassbare, manipulierbare Objekte („Tangibles") mit Technologien zur erweiterten Realität („Augmented Reality") kombiniert, um mithilfe von interaktiven Experimenten physikalische Zusammenhänge für Lernende in der universitären MINT-Ausbildung besser verständlich zu machen. Physikalische Grundlagen der Mechanik und Thermodynamik, wie beispielsweise die Schwingungseigenschaften eines Fadenpendels, sollen in Echtzeit interaktiv erforschbar gemacht werden. Auch werden derzeit haptisch-visuelle Trainingssysteme für chirurgische Eingriffe an komplexen Knochenstrukturen erarbeitet, die medizinische Aufnahmen wie CT und MRT nutzen und als sogenanntes Serious Game gestaltet werden. Mit einem solchen System können angehende Chirurgen komplexe Operationen an knöchernem Gewebe üben.

Beruf

Im beruflichen Kontext wird in Zukunft weniger die Frage wichtig sein, welche Qualifikation für eine bestimmte Tätigkeit erforderlich ist, sondern vielmehr, welche Anforderungen eine Tätigkeit stellt und wie diese Anforderungen von Menschen mit bestimmten Kompetenzen und jeweils spezifisch ausgeprägten, individualisierten Assistenzsystemen bewältigt werden können (Apt et al. 2016). Aus dem Ende der wissensspeichernden Bildung entstehen jedoch kaum geringere Anforderungen an die Beschäftigten. Vielmehr resultiert aus der Digitalisierung ein „Prozess der Informatisierung von Arbeits- und Produktionsprozessen, die hierdurch anspruchsvoller, vernetzter und komplexer werden" (Ittermann et al. 2015). Zu erlernende Praxissituationen sind dabei häufig, insbesondere in wissens- und technologieintensiven Berufen und Branchen, überaus komplex und variabel. Mit gelegentlichen Weiterbildungsseminaren ist dies nicht zu schaffen. Durch diese zunehmende Flexibilisierung von Arbeitsprozessen ergeben sich neue Herausforderungen und Möglichkeiten für das Prozessmanagement. Es werden neue Wissensmanagement-Systeme benötigt, die Änderungen in den Prozessabläufen dynamisch erfassen, abbilden und auswerten können (Hartmann 2015), (vgl. Kapitel 2.1.2).

Die IT-Unterstützung von Mitarbeiterinnen und Mitarbeitern während ihrer Tätigkeit ist bereits üblich. Assistenzsysteme zeigen bedarfsgerecht Informationen wie beispielsweise eine Montageanleitung an oder kontrollieren das Arbeitsergebnis, wie etwa eine Schweißnaht. In Zukunft werden prozessorientierte Assistenzsysteme zunehmend in der Lage sein, Tätigkeiten zu verfolgen, selbstständig Probleme oder Fehler zu erkennen, dabei Nutzerprofile zu erstellen und sich in ihrer Unterstützungsleistung an die Bedürfnisse und konkreten Unterstützungswünsche der Mitarbeiterinnen und Mitarbeiter anzupassen (vgl. Kapitel 2.2.2). Mittels Kamera und Abstandssensor können die Arbeitsschritte der Werker erfasst und ausgewertet werden. Bei Montagefehlern, unergonomischen Körper- und Handhaltungen oder anderweitigen Abweichungen projiziert das System einen entsprechenden Hinweis in das Sichtfeld des Werkers. In diese Unterstützung können auch Lernsequenzen unterschiedlichen Umfangs und unterschiedlicher Komplexität eingebettet werden; die Grenzen zwischen Unterstützung und Lernen sind dabei fließend. Als Konsequenz daraus verschwimmen auch zunehmend die Grenzen zwischen Arbeiten und Lernen bzw. zwischen produktiver Arbeit und Weiterbildung („prozessimmanente Weiterbildung"). Dies hat weitere Auswirkungen, auch in Bereichen der Organisation und Führung, weil immer weniger offensichtlich ist, was Weiterbildung substanziell ist, wo sie beginnt und aufhört und wer darüber entscheidet, ob und wie Weiterbildung stattfinden soll. Auch stellen sich neue Fragen hinsichtlich der formalen Anerkennung des Lernens im Prozess der Arbeit (Apt et al. 2016).

Unterdessen findet berufliche Aus- und Weiterbildung derzeit oft in speziell dafür vorgesehenen Umgebungen statt, in denen abstraktes Wissen ohne unmittelbaren Praxisbezug und ohne Anpassung an das individuelle Lernverhalten gelehrt wird. Adaptive Systeme, die personalisierte Lösungen für ein praxisnahes Lernen bieten, werden bisher wenig eingesetzt. Eine Vision zur Verzahnung moderner Informations- und Kommunikationstechnologien mit der industriellen Produktion ist, dass softwarebasierte Assistenzsysteme mittels sensorischer Erfassung des Kontextes und des spezifischen Wissensstandes von Mitarbeiterinnen und Mitarbeitern den angemessenen Unterstützungsbedarf leisten. Auf diese Weise können Unterstützung und Lernprozesse für unterschiedlichste Aufgaben und Anforderungen automatisch erfolgen. Relevante Anwendungsbereiche sind Inbetriebnahme, Betrieb, Wartung, Reparatur und vorbeugende Instandhaltung von Maschinen und Anlagen insbesondere in komplexen, cyber-physischen Produktionssystemen. Dafür greifen die Forscherinnen und Forscher auf Methoden der Künstlichen Intelligenz, der virtuellen Realität, des Wissensmanagements und der Gamification zurück (BMWi 2015). Auf diese Weise kann eine schnelle Einarbeitung in neue Produktionsabläufe erfolgen und leistungsgeminderte Mitarbeiterinnen und Mitarbeiter können entsprechend ihres Leistungsvermögens integriert und unterstützt werden.

Drittes Lebensalter

Mit dem Alter verändern sich die kognitiven Fähigkeiten. Präzision und Lern- bzw. Konzentrationsfähigkeit lassen nach. Auch Denk- und Reaktionsprozesse werden tendenziell langsamer. Jedoch bleiben Fähigkeiten wie schlussfolgerndes Denken, welche auf der Verknüpfung von Wissen und Erfahrung basieren, bis ins späte Lebensalter erhalten oder verbessern sich sogar noch (Korte 2012). Auch nehmen Neugier und die Freude am Lernen nicht unbedingt ab. Demnach hat eine forsa-Umfrage zur Ausgestaltung der gewonnenen Lebensjahre 65-Jährige zu ihren Wünschen für die Zeit ab 65 Jahren befragt: 13 Prozent konnten sich dabei eine „Weiterbildung" vorstellen, und 19 Prozent nannten das Stichwort „Neues erlernen" (Haist et al. 2012).

Digitale Lehr- und Lernsysteme sind zunehmend in der Lage, die vorhandenen Kompetenzen auszunutzen und Interessen zu fördern. Sie eröffnen älteren Menschen damit neue Möglichkeiten des Lernens und der Partizipation. Parallel zeigt sich jedoch auch, dass mangelnde Medienkompetenz und fehlende Technikakzeptanz die gesellschaftliche Teilhabe im Alter bereits heute erheblich einschränken kann (vgl. Kapitel 3.2.1). Die Aufgeschlossenheit gegenüber digitalen Technologien und das technisch unterstützte lebenslange Lernen zählen demnach zu den zentralen Komponenten für ein erfolgreiches und gelingendes Altern. Viele Ältere haben jedoch Berührungsängste mit neuen Technologien. Laut Digital Index 2014 ist zwar der Anteil der 60- bis 69-jährigen Personen, die „online" sind, auf knapp 65 Prozent gestiegen. Bei den über 70-Jährigen herrscht hingegen Stagnation: Nach wie vor nutzen lediglich 29 Prozent das Internet, Tendenz sogar leicht abnehmend. Folglich zählen Ältere vergleichsweise häufiger zur Gruppe der „digital weniger Erreichten" und zum digitalen Nutzertyp „Außenstehender Skeptiker" (Initiative D21 2014). Dabei zeigen soziode-mografische Analysen, dass die Nutzung und Einstellung gegenüber digitalen Medien jedoch eher eine Frage von Lebensstil und anderen sozioökonomischen Merkmalen wie Bildung und Einkommen als des Alters ist (Schaumburg 2015).

Mit Blick auf das institutionelle Lernen – etwa im Falle einer Weiterbildung im höheren Erwerbsalter und darüber hinaus – hat sich das Lernsetting und persönliche Lernumfeld als wesentlich herausgestellt: Finden die Älteren im privaten oder beruflichen Umfeld „mutmachende" Unterstützer für ihr eigenes Lernen, so fällt ihnen das Lernen leichter, und der Lerneffekt erhöht sich. Weiterhin beeinflusst die Möglichkeit des ungestörten Lernens im eigenen Tempo den Lernerfolg Älterer positiv (Korge und Piele 2014). Digital unterstützte Lernkonzepte für das Alter haben das Potenzial, die Informations- und Medienkompetenz Älterer zu erhöhen. Sie befähigen Ältere zum Bedienen von Geräten und Maschinen und stärken dadurch ihre Selbstbestimmung im zunehmend digitalen Alltag. Weiterhin können sie den Zugang zu politischer Bildung sicherstellen, neue Möglichkeiten der digitalen Teilhabe schaffen, eine Umverteilung von Zeitressourcen zwischen den Generationen ermöglichen und für ein besseres Ausschöpfen des beste-henden Engagement-Potenzials durch bessere Vernetzung und Organisation sorgen.

Zusammenfassung und Ausblick

Digitale Medien bieten die Möglichkeit einer individualisierten, adaptiven und einer zeitlich wie örtlich flexiblen Lernunterstützung entlang des Lebensverlaufs und damit neue Inklusionspotenziale für die Berücksichtigung von Lerninteressen und inhaltli-cher Neigungen, von verschiedenen Lernpräferenzen in der Auswahl der Lernmateri-alien sowie von Unterschieden in der Leistungsfähigkeit und im Vorwissen. Zwar ist der Einsatz digitaler Lehr- und Lernsysteme an Schulen, Universitäten und beruflichen Ausbildungsstätten in den vergangenen Jahren gestiegen. Die Potenziale der verfüg-baren Hardware werden jedoch noch nicht voll ausgenutzt und neuere Technologien wie digitale Wirklichkeiten noch nicht eingesetzt. Die Hardware wird vor allem dafür eingesetzt, Lerninhalte in Form von technisch unterstützten Präsentationen digital abzubilden, das Internet zu nutzen und um sich miteinander zu vernetzen. Aufgaben und Kompetenzen der Lehrkräfte können durch Lehr- und Lernsysteme noch nicht übernommen werden. Heutige Lehr- und Lernsysteme sind beispielsweise nicht aus-reichend in der Lage, sich in den Nutzer hineinzuversetzen und zu verstehen, was der Lernende in einer gegebenen Situation benötigt, um motiviert und effektiv zu lernen.

Zukünftige Potenziale von digitalen Lehr- und Lernsystemen liegen vor allem in den Möglichkeiten, komplexe Sachverhalte verständlich darzustellen. Dabei können Informationen in vielfältiger und vor allem realistischer Weise präsentiert werden. Ein Sachverhalt oder ein komplexer Zusammenhang muss nicht bildlich oder schriftlich erläutert werden, sondern kann mit Hilfe von visuellen, auditiven und haptischen Feedbacks realistisch und immersiv simuliert werden. Hierfür sind allerdings weitere Entwicklungen im Bereich der virtuellen Realitäten notwendig, um Situationen wirklich originalgetreu darzustellen. Der Lernende kann dann direkt in den Lerninhalt „eintauchen", und sich dadurch Inhalte und Handlungsabfolgen besser einprägen. Allerdings gilt hier die Erkenntnis: „Technologie kann Neues möglich machen, aber ohne Inhalte und Pädagogik bleibt neue Technik Spielerei" (Weingartner 2015).

Literatur

Apt W, Bovenschulte M, Hartmann EA, Wischmann S (2016) Foresight-Studie „Digitale Arbeitswelt". Forschungsbericht 463. Studie des Instituts für Innovation und Technik (iit). Bundesministerium für Arbeit und Soziales (BMAS). www.iit-berlin.de/de/publikationen/foresight-studie-digitale-arbeitswelt. Zugegriffen: 09.05.2016

Bundesministerium für Wirtschaft und Energie (BMWi) (2015) Autonomik für Industrie 4.0: Projekt APPsist – Mobile Assistenzsysteme und Internetdienste in der intelligenten Produktion. www.digitale-technologien.de/DT/Redaktion/DE/Standardartikel/Autonomik-FuerIndustrieProjekte/autonomik_fuer_industrie_projekt-appsist.html. Zugegriffen: 16.11.2015

Haist K, Kutz S, Zapp M (2012) Alter neu erfinden. Ergebnisse der forsa-Umfrage „Altern in Deutschland". Körber-Stiftung. www.koerber-stiftung.de/fileadmin/user_upload/allgemein/schwerpunkte/2012/gesellschaft/kampagne_alter-neu-erfinden/Studie_Alter-neu-erfinden_Ergebnisse_forsa-Umfrage.pdf. Zugegriffen: 10.05.2016

Hartmann EA (2015) Arbeitsgestaltung für Industrie 4.0: Alte Wahrheiten, neue Herausforderungen. In: Botthof A, Hartmann EA (Hrsg) Zukunft der Arbeit in Industrie 4.0. Springer Berlin Heidelberg, Berlin/Heidelberg, S 9–20

Herzig B (2014) Wie wirksam sind digitale Medien im Unterricht?. Bertelsmann, Gütersloh

Initiative D21 (2014) D21 – Digital – Index 2014. Die Entwicklung der digitalen Gesellschaft in Deutschland. Eine Studie der Initiative D21, durchgeführt von TNS Infratest. www.initiatived21.de/wp-content/uploads/2014/11/141107_digitalindex_WEB_FINAL.pdf. Zugegriffen: 16.11.2015

Ittermann P, Niehaus J, Hirsch-Kreinsen H (2015) Arbeiten in der Industrie 4.0. Trendbestimmungen und arbeitspolitische Handlungsfelder. Technische Universität Dortmund. Hans-Boeckler-Stiftung, Düsseldorf

Korge G, Piele C (2014) Studie „Lernen Ältere": Lernsettings für ältere Verwaltungsmitarbeitende. Im Auftrag der BB Bank Stiftung. Fraunhofer-Institut für Arbeitswirtschaft und Organisation IAO, Stuttgart

Korte M (2012) Jung im Kopf: Erstaunliche Einsichten der Gehirnforschung in das Älterwerden. 5. Aufl. Deutsche Verlags-Anstalt, München

Mannino A, Althaus D, Erhardt J, Gloor L, Hutter A, Metzinger T (2015) Künstliche Intelligenz: Chancen und Risiken. Diskussionspapiere der Stiftung für Effektiven Altruismus. ea-stiftung.org/s/Kunstliche-Intelligenz-Chancen-und-Risiken.pdf. Zugegriffen: 16.11.2015

Schäfer J (2014) Lernen mit neuen Medien: Digital macht schlau!. GEO Magazin, Nr. 12/14. www.geo.de/GEO/heftreihen/geo_magazin/lernen-mit-neuen-medien-digital-macht-schlau-79266.html. Zugegriffen: 16.11.2015

Schaumburg H (2015) Chancen und Risiken digitaler Medien in der Schule. Bertelsmann, Gütersloh

Suesskind R, Suesskind D (2015) The future of the professions: How technology will transform the work of human experts. Oxford University Press, New York

Wang AX (2016) Coursera is offering a way to get a real master's degree for a lot less money. Quartz, 31.03.2016. qz.com/650283/coursera-is-offering-a-way-to-get-a-real-masters-degree-for-a-lot-less-money. Zugegriffen: 31.03.2016

Weingartner M (2015) Hochschule 4.0: Die Uni der Zukunft. Frankfurter Allgemeine Zeitung, 10.12.2015. www.faz.net/aktuell/beruf-chance/campus/hochschule-4-0-die-uni-der-zukunft-13947312.html. Zugegriffen: 01.03.2016

Wolter MI, Mönnig A, Hummel M, Schneemann C, Weber E, Zika G, Helmrich R, Maier T, Neuber-Pohlet C (2015) Industrie 4.0 und die Folgen für Arbeitsmarkt und Wirtschaft. Szenariorechnungen im Rahmen der BIBB-IAB-Qualifikations- und Berufsfeldprojektionen. IAB Forschungsbericht 8/2015. Institut für Arbeitsmarkt- und Berufsforschung der Bundesagentur für Arbeit (IAB), Nürnberg

2.1.2 Digitalisierung verändert den Lernort Hochschule

Sabine Globisch

Am Lernort Hochschule stehen klassische Präsenzveranstaltungen wie Vorlesung, Seminar und Übung auf dem Prüfstand: Aus- und Weiterbildungsformate digitalen Zuschnitts oder Blended-Learning-Ansätze eröffnen Hochschulen den Weg zur Diversifizierung ihrer Studienangebote und so zu neuen Zielgruppen. Die Vereinbarkeit von Familie, Beruf und Weiterbildungsbedarf wird durch die zeitliche, didaktische und räumliche Vielfalt digitaler Formate verbessert. Für die Wirtschaft in Deutschland ist das von großem Interesse. Der technologische Wandel vollzieht sich mit zunehmender Geschwindigkeit, sodass auch der Bedarf an wissenschaftlicher Weiterbildung am Lernort Hochschule groß und drängend ist. Der Erwerb eines Studienabschlusses ist dabei nicht vorrangiges Ziel. Kleine, dezentral und kurzfristig konsumierbare sowie akkumulativ aufgebaute Lerneinheiten scheinen den praktischen Anforderungen der neuen Zielgruppen zu entsprechen. Den Hochschulen eröffnet das neue Handlungsfelder.

Die Steigerung der Teilnahme an Weiterbildung ist ein zentrales bildungspolitisches Ziel in Deutschland, mit dem den Folgen des demografischen Wandels und dem Fachkräftemangel möglichst frühzeitig begegnet werden soll. Hierfür sind die Gestaltungsmöglichkeiten durch Digitalisierung vielversprechend und äußerst vorteilhaft: Die Zielgruppen von Weiterbildung können an entsprechenden Angeboten teilnehmen – wann, wo und in welchem Umfang und Format sie möchten oder können. Die Vereinbarkeit von Familie, Beruf und Weiterbildungswunsch bzw. -bedarf wird durch die zeitliche, didaktische und räumliche Vielfalt der digitalen Angebotsformate verbessert. Wenn die Angebotsmöglichkeiten mit den individuellen Voraussetzungen der Zielgruppen, wie der Motivation und Kompetenz im Umgang mit technologiegestützten Lernangeboten, kompatibel sind, scheint eine der größten Herausforderungen für die Weiterbildungsbeteiligung gelöst. Tatsächlich werden aber die Gestaltungsspielräume durch digitale Medien an Hochschulen noch viel zu wenig ausgeschöpft. Am Lernort Hochschule herrscht auch für die Studienangebote in der Weiterbildung das Denken in Studiengängen und Semestereinheiten vor und die bedarfsorientierte Konzeption in kleineren Einheiten mit kumulierbarem Abschluss auf Modulebene wird noch zu selten realisiert. Neben diesen inhaltlichen und didaktischen Anforderungen stehen die Hochschulen zudem vor der Aufgabe, die Diversifizierung von Lehrangebot und Zielgruppen auch strukturell und hinsichtlich der Ressourcen erfolgreich zu managen.

Wissenschaftliche Weiterbildung wird definiert als „Fortsetzung oder Wiederaufnahme organisierten Lernens nach Abschluss einer unterschiedlich ausgedehnten ersten Bildungsphase" (BMBF 2006, S 187). Die Teilnehmenden an wissenschaftlicher Weiterbildung verfügen bezüglich ihrer formalen Voraussetzungen entweder über einen akademischen Abschluss oder eine Berufsausbildung. Ihre Berufstätigkeit wurde anerkannt als Zugangsvoraussetzung für die Aufnahme eines Studiums und ihre bisherige Berufstätigkeit ggf. auf zu absolvierende Studienleistungen angerechnet.[1] Damit sind zunächst die formalen Voraussetzungen geschaffen, damit ausgebildete Fachkräfte ihre „Employability" durch gezielte Qualifizierungsmaßnahmen erhalten können. Das war bereits in den 1960er/1970er Jahren eine bildungspolitische Kernforderung, als die schnelle technologische Entwicklung in der Wirtschaft den Fokus auf die Anpassungsgeschwindigkeit beruflicher Qualifizierung legte (Pruschansky 2001, S XIII). Heute vollzieht sich technologischer Wandel mit zunehmender Geschwindigkeit. Der Bedarf an beruflicher – d. h. auch wissenschaftlicher – Weiterbildung ist in Deutschland so groß und drängend, dass die Wirtschaft stärker denn je Ebenen der Kooperation mit Hochschulen sucht, um den Transformationsprozess von Wissen in Wirtschaft zu beschleunigen. Die steigende Zahl an Stiftungsprofessuren stellt nur einen möglichen Weg dar, um Innovationen in der Wirtschaft zu befördern. Daneben werden Entwicklungsprojekte seitens der Großindustrie nach Möglichkeit gern in Kooperationen mit regional ansässigen Hochschulen umgesetzt, was so zudem die Personalrekrutierung vereinfacht.

Doch obwohl wissenschaftliche Weiterbildung als Kernaufgabe der Hochschulen und der Bedarf an einer solchen festgestellt ist, gilt das Angebot der Hochschulen als gering. Empirische Studien zeigen, dass der Anteil an deutschen Hochschulen, die wissenschaftliche Weiterbildung[2] anbieten, im Jahr 2000 bei vier Prozent lag – ihr Anteil liegt in den USA oder Finnland deutlich höher – wobei Präsenzveranstaltungen im Vergleich zur Onlinevermittlung in Deutschland deutlich dominierten (Hanft und Knust 2008, S 30ff). Das Berichtssystem Weiterbildung des BMBF stellte 2006 fest, dass nur drei Prozent aller bundesweit befragten Personen zwischen 19 und 64 Jahren Weiterbildung an einer Hochschule[3] absolviert hatten (BMBF 2006, S 47). In den Adult Education Surveys (AES)[4] werden Zahlen zur Teilnahme an wissenschaftlicher Weiterbildung nicht ausgewiesen.

---

[1] *ANKOM Initiative des BMBF seit 2005. Bundesministerium für Bildung und Forschung (BMBF) (2016) ANKOM Initiative. ankom.his.de/bmbf. Zugegriffen: 18.05.2016*

[2] *Die bei Hanft und Knust verwendete Definition wissenschaftlicher Weiterbildung entspricht der durch die Kultusministerkonferenz 2001 vorgelegten und ist mit der im „Berichtsystem Weiterbildung" verwendeten Definition identisch.*

[3] *definiert als Aufbaustudium, berufsbegleitendes Studium oder Fernstudium (vgl. BMBF 2006, S 47)*

[4] *ersetzt das Berichtssystem Weiterbildung seit 2007*

Durch die zunehmende Akademisierung in der Ausbildung wird es zu einer wachsenden Nachfrage nach wissenschaftlicher Weiterbildung kommen. Neben einer hinreichenden wissenschaftlichen Qualität werden zeitliche Effizienz und tätigkeits- bzw. aufgabenbezogene Ausrichtung der Weiterbildung für die Teilnehmenden eine hohe Priorität haben. Die hohen Klickraten für tutoriell aufbereitete Videos auf Youtube machen diesen Bedarf bereits sichtbar (z. B. Khan Academy: www.khanacademy.org oder Jörn Loviscach: www.youtube.com/user/JoernLoviscach). Der Einsatz digitaler Medien kann den Hochschulen den Zugang zu neuen Zielgruppen eröffnen, wobei ein Blick auf die Bedürfnisse dieser neuen Zielgruppen im Vergleich zu ihren traditionellen Zielgruppen wertvolle Gestaltungshinweise gibt.

Die *Zielgruppen wissenschaftlicher Weiterbildung* stehen im Beruf, sind in Familienzeit oder aus anderen Gründen nicht berufstätig. An diese individuellen Lebenssituationen sind jeweils unterschiedliche Anforderungen an die Gestaltung von Weiterbildungsangeboten geknüpft. Es liegt also nahe, die bisherige Überlegenheit der klassischen Präsenzformate Vorlesung, Seminar und Übung als geeignete Angebotsformate in Frage zu stellen. Kleine, dezentral und kurzfristig konsumierbare sowie akkumulativ aufgebaute Lerneinheiten scheinen den praktischen Anforderungen der neuen Zielgruppen besser zu entsprechen. Immerhin 82 Prozent aller Befragten gaben berufliche Gründe für die Teilnahme an Weiterbildung an, 18 Prozent private. Diese Angaben sind seit 2007 stabil (BMBF 2014, S 20). Doch die Teilnahme an wissenschaftlicher Weiterbildung aus beruflichen Gründen hat nicht zwingend einen Studienabschluss zum Ziel. Die Teilnahme kann sich auch auf einzelne Kurse, Vorlesungen oder Seminare beschränken, mit dem Ziel ein Zertifikat oder eine Teilnahmebescheinigung zu erhalten. Wie Studien zeigen, ist die Teilnahme an digitalen Studienangeboten auch vom Interesse an Online-Lernerfahrungen, an lebenslangem Lernen allgemein, an den sozialen Erfahrungen oder den erwarteten fachlichen Anregungen geprägt (Schulmeister 2013, S 29).

Motivlage und digitale Kompetenzen der Teilnehmenden sind wichtige Randbedingungen für die erfolgreiche Teilnahme an digitaler Weiterbildung. Jedoch deuten die hohen Drop-out-Raten (Haug und Wedekind 2013, S 201; Schulmeister 2013, S 32f) darauf hin, dass noch weitere Bedingungen erfüllt sein müssen, damit digitale Weiterbildung genutzt und erfolgreich abgeschlossen werden.

Ein optimaler Zuschnitt wissenschaftlicher Weiterbildung unter Einsatz digitaler Medien erfordert von den *Lehrkräften* digitale, mediale und didaktische Kompetenzen und bedeutet die mediengerechte Aufbereitung von Vermittlungs-, Vertiefungs- und Übungseinheiten sowie Begleit- und Prüfungsmaterialien. Eine besondere Herausforderung stellen nicht-standardisierte bzw. -standardisierbare Inhalte, wie etwa Formeln oder physikalische und mathematische Beweise dar, wenn z. B. Erfahrungswissen, Laborarbeiten oder der wissenschaftliche Diskurs wesentlicher Bestandteil

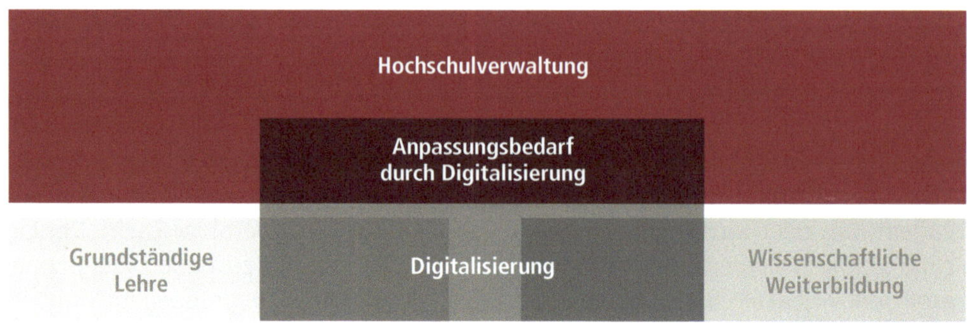

Abbildung 2.1.2.1: Komplexitätssteigerung durch Digitalisierung

der Wissensvermittlung ist. Wenn es fachlich notwendig ist, gemeinsame Lernprozesse und direkten Austausch unter den Teilnehmenden zu ermöglichen, müssen entsprechend moderierende Funktionen geplant werden (Herber et al. 2013). Eingesetzt wird bereits das Konzept des „inverted" oder „flipped Classroom", in dem die Teilnehmenden sich anhand des Studienmaterials auf die Vorlesung vorbereiten, in der dann ausschließlich Fragen zum Stoff behandelt werden.

Neben der individuellen Ebene der Lehrenden und Lernenden wird auch der *Lernort*, bzw. die *Hochschule* als Organisation von der Digitalisierung der (Weiter)Bildungsangebote tangiert. Hochschulen erweitern ihr Tätigkeitsspektrum, indem sie die vorhandenen grundständigen Studienangebote um solche zur wissenschaftlichen Weiterbildung ergänzen. Durch die Digitalisierung von Studienangeboten – grundständig oder weiterbildend – wird eine zusätzliche, parallele Angebotsstruktur aufgebaut, die neue Anforderungen an die Organisation Hochschule stellt. Das betrifft die Ausstattung mit technischen Komponenten und ihren Serviceeinrichtungen sowie die Infrastruktur, die den Einsatz neuer, digitaler Medien erst ermöglicht. Am Lernort Hochschule wird neben der „analogen" Infrastruktur (Handapparate, Bibliotheken, Lesesäle etc.) eine zweite Infrastruktur benötigt, die digital initiierte Lehr- und Lernprozesse durch geeignete Lernräume, z.B. für Gruppenarbeiten unterstützt (May und Kannenberg 2014; Hochschulforum Digitalisierung 2015, S 12ff).

Durch die Öffnung der Hochschulen für wissenschaftliche Weiterbildung und für eine Digitalisierung der Studienangebote steigt der Komplexitätsgrad ihrer Aufgaben in Verwaltung und Lehrbetrieb. Ein erweitertes Angebotsspektrum an Studiengangsformaten und eine Diversifizierung der Zielgruppen bedeutet einen Mehraufwand an Koordination und Ressourcen, der durch die Hochschulverwaltung zu managen ist.

Durch das Angebot wissenschaftlicher Weiterbildung ergeben sich nach Auffassung Wilkesmanns „zwei Handlungslogiken" für den gesamten Hochschulbetrieb: Wenn dem traditionellen Hochschulangebot ein Angebot zur wissenschaftlichen Weiterbildung hinzugefügt wird, hat das Auswirkungen auf die künftige Strategie der Hochschule, auf Ressourcenplanung und Steuerung sowie Umfang und Ausgestaltung der Studienangebote. Die traditionell Studierenden (i. S. v. Auszubildenden) unterliegen im System Hochschule dem „Reproduktionsmuster der Wissenschaft", während die Studierenden in der wissenschaftlichen Weiterbildung als „Kunden" mit einer anwendungsorientierten Nutzenerwartung betrachtet werden (Wilkesmann 2007, S 276). Mit der Digitalisierung der (Weiter-)Bildungsangebote erhöht sich der Koordinierungsbedarf noch einmal. Studienangebote sind in Hinblick auf die unterschiedlichen Zielgruppen und Lernkulturen individuell zu konfektionieren. Anders als in der traditionell angebotenen akademischen Ausbildung, die in Abhängigkeit von professoralem Wissen konzipiert wird, besteht für die Zielgruppen der wissenschaftlichen Weiterbildung die Anforderung, den akademischen Anspruch gepaart mit einem attraktiven didaktischen Konzept in Bezug auf Zeit und Format zu konzipieren, um die Nachfrage entsprechend stimulieren zu können. Teilnehmenden an wissenschaftlicher Weiterbildung werden andere Erwartungshaltungen zugeschrieben. Ihnen dient wissenschaftliche Weiterbildung mehr einem berufspraktischen Zweck, der nicht zwingend mit dem Erwerb eines Hochschulabschlusses verbunden sein muss, während grundständig Studierende im Status von Auszubildenden sich den vorgesehenen Stoff anzueignen haben und in der Regel einen Hochschulabschluss anstreben (ebd.).

Während das traditionelle Lernen in Präsenzform an den Hochschulen bedeutet, Vorlesungen, Seminare, Übungen zu besuchen und im Hintergrund eigenständig die Wissensinfrastruktur der Hochschule (Bibliotheken, Handapparate, Lesesäle, Zeitschriften etc.) für weiterführende Literaturrecherchen sowie für Kontakte zu anderen Studierenden zu nutzen und so die wissenschaftlichen Regeln der eigenen Disziplin zu erlernen und zu üben, müssen für die digitale wissenschaftliche Weiterbildung ergänzende und neue Formen der Wissensinfrastruktur geschaffen werden. Das betrifft die genutzten digitalen Systeme und Medien, die digitale Verfügbarkeit von Inhalten und Werkzeugen, die Bereitstellung geeigneter Lern- und Lehrräume sowie dezentrale Wegweiser in Form von Webseiten oder Apps (Bopp et al. 2006; Oberhuemer und Pfeffer 2008; May und Kannenberg 2014).

Die Anforderungen an eine sinnvolle Verknüpfung der bestehenden analogen Systeme an Hochschulen und den neu zu schaffenden Unterstützungssystemen für den Einsatz digitaler Medien in der (Weiter-)Bildung besteht unabhängig von Art und Eigenschaft der digitalen Medien und ihrer Organisationsform (Bopp et al. 2006, S 90). Um sich im Weiterbildungsmarkt und gegenüber privaten Wettbewerbern dauerhaft gut zu positionieren, sind schnell verfügbare und adäquat auf den Weiterbildungsbedarf der Teilnehmenden und der Wirtschaft zugeschnittene Angebote von hoher Qualität an den Hochschulen vonnöten.

Damit sich die vergleichsweise hohen Investitionen für die Digitalisierung der (Weiter-)Bildungsangebote möglichst schnell auszahlen, muss es gelingen, eine entsprechende Nachfrage zu generieren und eine „Kundenbindung" zu erzeugen. Vor dem Hintergrund stark veränderter Rahmenbedingungen seit den 1990er Jahren sehen sich Hochschulen in Deutschland einem stetig zunehmenden Wettbewerbsdruck ausgesetzt (Hochschulforum Digitalisierung 2016, S 8f; Globisch 2009). Die Diversifizierung des Angebotsspektrums der Hochschulen von grundständiger Lehre um digitale Angebote sowie um analoge und digitale Angebote wissenschaftlicher Weiterbildung bietet hier eine Chance, sich im Wettbewerb durch Professionalisierung positiv abzusetzen. Dazu wird es erforderlich sein, bisherige curriculare Konzepte der traditionellen Lehre auf den Prüfstand zu stellen. So können betreuungsrelevante Teile der Lehre in den einzelnen Disziplinen von denen abgegrenzt werden, die ohne besondere Vorbedingungen über digitale Medien genutzt werden können.

Bildung ist ein Vertrauensgut, dessen Bewertung erst vorgenommen werden kann, nachdem das Gut in Anspruch genommen wurde. Die Bewertung im Nachhinein entscheidet über die Reputation der Bildungseinrichtung und der Bildungsmaßnahme selbst. Hier können Portale wie MeinProf.de bereits eine erste Orientierung auf individueller Ebene bieten. Überwiegend hängt die Entscheidung für eine Bildungsmaßnahme von den Präferenzen der Nachfragenden – das sind auch Unternehmen – ab (vgl. z. B. Hochschulranking 2015 der WirtschaftsWoche: Schmidt 2015). Die klassischen, objektiven Eckdaten zur Charakterisierung eines Bildungsangebots sind Inhalte, Ziele, zu erwerbender Abschluss, ggf. mit ECTS, zeitlicher Umfang, Veranstaltungsort, Kosten, zu erbringende Leistungen. Künftig wird es wichtig sein, Informationen zu den räumlichen, medialen und didaktischen Konzepten, technischen Voraussetzungen, Betreuungs- und Beratungsangeboten sowie Möglichkeiten von Lernkooperationen und Prüfungsmodalitäten aufzuzeigen, damit Interessierte die ihren Präferenzen entsprechenden Angebote auswählen können.

Das gilt für die digitale und analoge grundständige Lehre wie für die digitale und analoge wissenschaftliche Weiterbildung. Hierzu wird es hilfreich sein, wenn die Hochschulen die Anforderungen an (Weiter-)Bildungsangebote durch ihre unterschiedlichen Zielgruppen sorgfältig erfassen – auch im Sinne von Learning Analytics (Schulmeister 2013, S 42) – um die Erkenntnisse in die Gestaltung der digitalen Studienangebote einfließen zu lassen (vgl. Kapitel 2.2.2). Auf Basis ihrer individuellen Nutzenpräferenzen trennen die Kunden wissenschaftlicher Weiterbildung bereits heute zwischen den Weiterbildungsangeboten, die sie im Internet schnell und sinnvoll nutzen können und denen, für die sie die fachlich-didaktische Aufbereitung durch Lehrkräfte als relevant einstufen. Gleichzeitig werden ihnen zeitliche Effizienz sowie räumliche und didaktische Spielräume wichtiger, je länger eine wissenschaftliche Weiterbildung dauert. Mit Blick auf die beobachteten „Drop-out-Raten" bei digitalen Angeboten, aber auch in Hinblick auf die Abbruchquote bei traditionell Studierenden wäre ein Zuschnitt der Maßnahmen auf die Lern- und Rezeptionsgewohnheiten der Kunden und Studierenden hilfreich (vgl. Handke und Franke 2013, S 102).

Dazu gehört es auch, Begleitungs- und Betreuungsbedarfe – etwa zur Klärung von Fragen oder bei der Bearbeitung von Studienleistungen, wie beispielsweise die App der Goethe-Universität in Frankfurt am Main sie bietet – für die Kunden und Studierenden bei der Konzeption von digitalen (Weiter-)Bildungsangeboten mit zu beden-

Abbildung 2.1.2.2: Snapshot der Webseite der Open University UK[1]

---

[1] *Open University: www.open.ac.uk. Zugegriffen: 18.05.2016*

ken und entsprechende Angebote zu entwickeln, gerade wenn Hochschulen Lernerfolge und Lernergebnisse bei Studierenden und bei ihren Kunden sicherstellen wollen. Sie eröffnen sich damit die mögliche Förderung des Nachwuchses und sichern die Zufriedenheit ihrer Studierenden und Kunden. Selbst wenn nicht alle Studierenden und Kunden einen Studienabschluss anstreben, sondern lediglich einzelne Module absolvieren wollen, wird es künftig zu einem vollständig konzipierten (digitalen) Studiengang oder Modul gehören, auch die Studien- und Prüfungsleistungen, inklusive eines aussagefähigen Feedbacks durch Lehrende und Betreuende oder durch die Peer Group anzubieten (vgl. Hafer und Matthé 2016, S 195ff). Hier stecken die Entwicklungen in Deutschland noch in den Anfängen.

Hochschulen, die sich einer kundenorientierten, digitalen Ausrichtung – auch in Bezug auf ihre traditionell Studierenden – öffnen, stehen wichtigen Entscheidungen in Bezug auf Strategie, Positionierung und Ressourcenallokation gegenüber. Umfassend und bedarfsorientiert geplante Studienangebote eröffnen ihnen neue Kundensegmente. Die größte Chance für diejenigen, die Digitalisierung als Erweiterung ihres Angebotsspektrums verstehen, liegt für sie darin, auch die traditionell designte Lehre in neuen Zusammenhängen zu denken und sich damit neue Märkte zu erschließen: Die Industrie ist sehr interessiert an modern gestalteter Lehre und Weiterbildung, die ihr die schnelle und kompetente Umsetzung von Entwicklungsprojekten und den Zugang zu Nachwuchskräften ermöglicht.

Die Erfahrung mit digitalen Lernformaten der vergangene Jahre hat gezeigt, dass die Konzeption von Vorlesung, Seminar und Übung als Präsenzveranstaltungen die Studierenden in Bezug auf die Community-bildende Aspekte stärker zufriedenstellt als Online-Veranstaltungen dieses bisher offenbar können. Zukünftig gilt es deshalb zu differenzieren zwischen standardisierbaren Lerninhalten ohne Betreuungsaufwand und denjenigen Lerninhalten, die nur in einem curricularen Kontext eingebettet sinnvoll sind. Eine zunehmende technische und didaktische Qualität der digitalen Weiterbildungsangeboten unterstützt die sich bereits abzeichnende Marktentwicklung, an der auch Hochschulen partizipieren können.

Literatur

Bopp T, Hampel T, Hinn R, Lützenkirchen F, Prpitsch C, Richter H (2006) Alltagstaugliche Mediennutzung erfordert Systemkonvergenzen in Aus- und Weiterbildung. In: Seiler Schiedt E, Kälin S, Sengstag C (Hrsg) E-Learning – alltagstaugliche Innovation?. Waxmann, Münster, S 87–96

Bundesministerium für Bildung und Forschung (BMBF) (2006) Berichtssystem Weiterbildung IX. Integrierter Gesamtbericht zur Weiterbildungssituation in Deutschland. www.bmbf.de/pub/berichtssystem_weiterbildung_neun.pdf. Zugegriffen: 29.01.2016

Bundesministerium für Bildung und Forschung (BMBF) (2014) Weiterbildungsverhalten in Deutschland 2014. Ergebnisse des Adult Education Survey – AES Trendbericht. www.bmbf.de/pub/Weiterbildungsverhalten_in_Deutschland_2014.pdf. Zugegriffen: 29.01.2016

Globisch S (2009) Professionalisierte Drittmittelakquisition an Hochschulen. In: Mertens W (Hrsg) Wissenschaftsmarketing. Lemmens Medien GmbH, Bonn, S 79–93

Hafer J, Matthé F (2016) Ein nach vorne offener Prozess. E-Assessments an Hochschulen. In: Forschung & Lehre 23(3), S 194–197

Handke J, Franke P (2013) xMOOCs im Virtual Linguistics Campus. In: Schulmeister R (Hrsg) MOOCs – Massive Open Online Courses. Offene Bildung oder Geschäftsmodell?. Waxmann, Münster, S 101–126

Hanft A, Knust M (2008) Wissenschaftliche Weiterbildung: Organisation und Geschäftsfelder im internationalen Vergleich. In: Report: Zeitschrift für Weiterbildungsforschung 31(1), S 30–41. www.die-bonn.de/doks/hanft0801.pdf. Zugegriffen: 22.01.2016

Haug S, Wedekind J (2013) cMOOC – ein alternatives Lehr-/Lernszenarium?. In: Schulmeister R (Hrsg) MOOCs – Massive Open Online Courses. Offene Bildung oder Geschäftsmodell?. Waxmann, Münster, S 162–206

Herber E, Schmidt-Hertha B, Zauchner-Studnicka S (2013) Erwachsenen- und Weiterbildung. Technologieeinsatz beim Lernen und Lehren mit Erwachsenen. In: Ebner M, Schöne S (Hrsg) Lehrbuch für Lernen und Lehren mit Technologien, 2. Aufl. epubli GmbH, Berlin

Hochschulforum Digitalisierung (2015) 20 Thesen zur Digitalisierung der Hochschulbildung. Arbeitspapier Nr. 14. Hochschulforum Digitalisierung, Berlin

Hochschulforum Digitalisierung (2016) Zur nachhaltigen Implementierung von Lerninnovationen mit digitalen Medien. Arbeitspapier Nr. 16. Hochschulforum Digitalisierung, Berlin

May A, Kannenberg S (2014) Entgrenzung und Zusammenarbeit – die Notwendigkeit von Kooperation im Lernraum. In: ABI Technik 34(1), S 9–19

Oberhuemer P, Pfeffer T (2008) Open Education Resources – ein Policy-Paper. In: Zauchner S, Baumgartner P, Blaschitz E, Weissenbäck A (Hrsg) Offener Bildungsraum Hochschule. Freiheiten und Notwendigkeiten. Waxmann, Münster, S 17–27

Pruschansky S (Hrsg) (2001) LebensLangesLernen. Expertisen zu Lebenslangem Lernen – Lebensarbeitszeiten – Lebensweiterbildungskonten. Schriftenreihe der Senatsverwaltung für Arbeit, Soziales und Frauen, Nr. 44. BBJ-Verlag, Berlin

Schmidt K (2015) Uni-Ranking. Spitzenplätze für Münchener Hochschulen. WitschaftsWoche, 17.07.2015. www.wiwo.de/erfolg/campus-mba/uni-ranking-spitzenplaetze-fuer-muenchener-hochschulen/12065372.html. Zugegriffen: 18.05.2016

Schulmeister R (2013) Der Beginn und das Ende von Open. In: Schulmeister R (Hrsg.) MOOCs – Massive Open Online Courses. Offene Bildung oder Geschäftsmodell?. Waxmann, Münster, S 17–59

Wilkesmann U (2007) Wissenschaftliche Weiterbildung als gemeinsame Wissensarbeit an der Grenzstelle von Universitäten und Unternehmen – eine unterschätzte Form der Wissensproduktion. In: Arbeit. Zeitschrift für Arbeitsforschung, Arbeitsgestaltung und Arbeitspolitik 16(4), S 269–281

2.1.3 Perspektivische Veränderungen in der Wissenschaft

Volker Wittpahl

Digitale, einfach verfügbare Datenmengen eröffnen neue Erkenntniswege. Sie verändern die Art, wie Wissenschaftler recherchieren und publizieren. Wenn Datenbanken in Zukunft ganz selbstverständlich wie heute Bücher und Fachzeitschriften als Quellen genutzt werden, wandeln sich auch die Aufgaben und das Rollenverständnis künftiger wissenschaftlicher Bibliotheken. Welche Chancen sich durch die Übertragung der Industrie 4.0-Ansätze auf Forschungslabore eröffnen und welche Konsequenzen der nächste und der übernächste Digitalisierungsschritt der Wissenschaft mit sich bringen, wird im vorliegenden Beitrag diskutiert.

Mit zunehmender Digitalisierung erhält die Wissenschaft Werkzeuge, die völlig neue Möglichkeiten eröffnen: Supercomputer simulieren komplexe Vorgänge in diversen naturwissenschaftlichen Disziplinen, ob nun der Quantenchemie oder der Kosmologie. Die Übertragung von digitalen Werkzeugen und Infrastrukturen aus anderen Anwendungsbereichen führt zu einer Veränderung der Wissenschaft in den kommenden Jahren. So befördert die digitale Vernetzung eine interdisziplinäre, kollaborative und offene Wissenschaft. Ähnlich wie in anderen Bereichen wird die Digitalisierung das Arbeiten und das Selbstverständnis der wissenschaftlichen Berufsbilder ändern. Die Digitalisierung wird neue Methoden des wissenschaftlichen Arbeitens hervorbringen. Welches Rollenverständnis werden Wissenschaftler daraus entwickeln und wie ändern sich Aufgaben und Prozesse? Werden sie durch spezielle Social-Media-Plattformen wie ResearchGate in Zukunft verstärkt zu Netzwerkern oder wieder zu tradierten Erkenntnisforschern? (Vicari 2016)

Recherchieren und publizieren in einer digitalisierten Wissenschaft

Forscher stehen seit jeher unter einem starken Erfolgsdruck. Ihre akademische Währung sind Publikationen, die nach Möglichkeit in renommierten Zeitschriften veröffentlicht werden sollen. Als Forscher muss man schneller als die Konkurrenz publizieren und danach möglichst oft noch zitiert werden. Daher wurde des Öfteren in der Vergangenheit publiziert, bevor Ergebnisse final validiert waren.

Grundvoraussetzung für eine solide Publikation ist eine fundierte Recherche. Veröffentlichungen sind in ihrer Anzahl während der vergangenen Jahre extrem angestiegen. Kaum ein Wissenschaftler hat die Zeit und Chance, alle relevanten Publikationen in kurzer Zeit auf ihre Wichtigkeit für die eigene Forschung zu überprüfen. Die schiere Masse an Veröffentlichungen in eigenen und angrenzenden Fachbereichen zu lesen, grenzt bisweilen an eine zeitlich nicht mehr lösbare Aufgabe. An dieser Stelle kann der gezielte Einsatz von intelligenten Suchalgorithmen die Recherchearbeit der Wissenschaftler unterstützen und erleichtern. Während im Bereich der professionellen Patentrecherche der Einsatz moderner Textanalyseverfahren gerade Einzug hält, ist bei der wissenschaftlichen Recherche der Einsatz von Textanalyseverfahren, wie z. B. rapidminer oder megaputer, noch eher die Ausnahme. Ein Hinderungsgrund ist derzeit, dass die Handhabung der digitalen Textanalyse-Werkzeuge eines fundierten Expertenwissens bedarf. Durch die Weiterentwicklung der Technik und der Schnittstellen werden diese Werkzeuge künftig unter Einsatz intelligenter Algorithmen auch für einen geschulten Laien im wissenschaftlichen Kontext nutzbar sein. Das korrekte Zitieren wird durch den Einsatz schon heute am Markt verfügbarer, digitaler Werkzeuge, wie z. B. Citavi[1], derart unterstützt, dass Formfehler der Zitation ausgeschlossen werden.

Von der Datenbank zur wissenschaftlichen Publikation

Zukünftig notwendige Voraussetzungen zum effizienteren Recherchieren und Publizieren sind der freie Zugang und die Nutzung von Datenbanken wissenschaftlicher Publikationen. Doch nicht nur Literatur-Datenbanken, sondern vielmehr jede Form von Datenbank wird für die sich durch die Digitalisierung wandelnde Wissenschaft von Bedeutung sein.

Für die Wissenschaft lässt sich postulieren, dass Datenbanken für Wissenschaftler des 21. Jahrhunderts werden, was die Bücher bis zum Ende des 20. Jahrhundert waren: Quellen von Wissen und Erkenntnis, die es auszuwerten und zu interpretieren gilt.

Schon heute zeichnet sich ab, dass Grundlage für viele wissenschaftliche Ergebnisse die Analyse von Daten aus Datenbanken ist. So werden im Bereich der medizinischen und pharmazeutischen Forschung zunehmend prädiktive Modelle mittels Patientendatenbanken entwickelt und verifiziert (vgl. Kapitel 3.2.2).

Infolgedessen werden Datenbanken zunehmend zur Quelle wissenschaftlicher Erkenntnis. Wollen Wissenschaftler in der digitalen Zukunft ihren Vorsprung gegenüber ihrer internationalen Konkurrenz halten und exzellente Forschung leisten, so sind für einen Forschungsstandort mehrere Voraussetzungen notwendig.

- *Voraussetzung: Höhere Anforderungen an die Medienkompetenz der Wissenschaftler*

---

[1] *CITAVI: www.citavi.de. Zugegriffen: 18.05.2016*

Wie viele andere Berufsgruppen auch müssen Wissenschaftler sich neue Medien-
kompetenzen aneignen, um ihre Tätigkeit noch in Zukunft effizient und professionell auszuüben. Vor mehr als 20 Jahren hat die Nutzung der Textverarbeitung
dazu geführt, dass sich die Publikationsprozesse beschleunigt und verändert
haben. Textverarbeitungen sind heute hierfür nicht mehr wegzudenken. Bei der
Datenbanknutzung wird in einigen Jahren ähnliches gelten. Für Wissenschaftler
bedeutet das konkret den professionellen Umgang mit Datenbanken und Kon-
text-/Textanalyseverfahren zu erlernen.

- *Voraussetzung: Zugriff auf möglichst viele Datenquellen*
  Um schneller bessere Ergebnisse zu produzieren, ist der Zugriff auf möglichst viele
  unterschiedliche Daten in unterschiedlichen Datenbanken notwendig. Ein Beispiel
  hierfür wird im Beitrag „Arbeitsmarkt und Digitalisierung – Wie man benötigte
  digitale Fähigkeiten am Arbeitsmarkt messen kann" beschrieben, wo die Beschäftigungsstatistik der Bundesagentur für Arbeit und die Erwerbstätigenbefragung
  des Bundesinstituts für Berufsbildung verschnitten und analysiert wurden. Es lassen sich aber z.B. auch Korrelationen zwischen Bodenkontaminationen und
  bestimmten Erkrankungsmustern validieren, indem Daten aus dem Bodenkatas-
  ter mit anonymisierten Patientendaten der Krankenkassen verschränkt werden. Je
  mehr Datenbanken den Wissenschaftlern zugänglich sind, umso größer ist die
  Wahrscheinlichkeit über Korrelationen neue Erkenntnisse zu finden. Die Forderung der Wissenschaft muss daher folgerichtig lauten: freier digitaler Zugriff auf
  alle öffentlichen Daten und Datenbanken sowie alle wissenschaftlichen For-
  schungs- und Messdaten.

- *Voraussetzung: Datenbanken wie Publikationen behandeln*
  Wenn Datenbanken die Grundlage für publizierte Ergebnisse sind, so müssen sie
  analog zu anderen wissenschaftlichen Quellen gesehen und künftig behandelt
  werden. Sie müssen „zitierfähig" werden, dies heißt, auch anderen Forschern in
  ihrer ursprünglich bzw. der Publikation relevanten Form zugänglich sein, um die
  publizierten Ergebnisse zu verifizieren bzw. auf diese aufzubauen oder diese zu
  ergänzen. Um dies sicherzustellen, bedarf es einer Katalogisierung und Indizierung der Datenbanken, sodass man gezielt nach ihnen suchen kann. Eine Herausforderung hierbei sind aktiv genutzte Datenbanken, deren Zustände und Werte
  sich dynamisch verändern. Es bedarf einer Instanz, die neben der Indizierung
  auch den Zugang und die Archivierung der Datenbanken für wissenschaftliche
  Zwecke organisiert.

Sobald Datenbanken analog zu Publikationen behandelt werden, besteht für die
„Autoren" der Datenbanken die Möglichkeit, entsprechend bei Veröffentlichungen, die auf ihre Datengrundlage zurückgehen, wissenschaftlich zitiert zu werden. Die wissenschaftliche Relevanz einer Datenbank lässt sich dann analog zur

klassischen Publikation durch die Häufigkeit der Nennung als Quelle belegen. Durch die Nennung der Autorenschaft der Datenbanken in Zitationen wird zwangsläufig auch die Reputation des Wissenschaftlers gefördert.

Die neuen Bestände und Aufgaben von wissenschaftlichen Bibliotheken im 21. Jahrhundert

Vor dem Hintergrund des Datenschutzes sowie der Archivierung und Indizierung der Datenbanken für die Wissenschaft bedarf es einer neuen Institution, welche die Verwaltung, Indizierung und Verfügbarkeit sowie Zugangsrechte regelt. Wissenschaftler, die als erste in ihrem Umfeld eine solche Institution nutzen können, werden gegenüber ihren Kollegen einen entscheidenden Wettbewerbsvorteil haben. Irgendwann in naher Zukunft wird eine solche Institution – wo auch immer auf der Welt – aus dem Bedarf heraus gegründet werden, ob an einer Hochschule, durch den Zusammenschluss mehrerer Hochschulen oder unabhängig davon durch öffentliche oder private Förderung.

Traditionelle Dokumente, wie Handschriften oder Akten, werden in Archiven oder Bibliotheken verwaltet. Um die wissenschaftliche und neutrale Dokumentation und Archivierung wie auch den öffentlichen Zugang verschiedener Datenbanken zu regeln, sind universitäre und wissenschaftliche Bibliotheken prädestiniert. Mit ihrem Erfahrungshintergrund sind sie auch in der Lage abzuschätzen, welche Inhalte wie aufbereitet für die Nachwelt erhalten werden sollen. Die Definition und der Inhalt von Datenbanken werden unterschiedlich für verschiedene bibliothekarische und archivarische Aufgaben ausgeprägt sein. So sind die Anforderungen für die Archivierung digitaler Verwaltungsdaten im Rahmen der Komplettierung eines Stadtarchivs nach Umfang und Anforderungen bzgl. des Datenbestandes und Datenschutzes ganz andere als die Archivierung einer Ergebnisdatenbank, die im Rahmen eines öffentlich geförderten sozialwissenschaftlichen Forschungsvorhabens durch Umfragen gefüllt wurde. Wieder andere Anforderungen an die Archivierung und Dokumentation stellt die Sicherung von Messdaten aus öffentlichen Umweltsensoren oder naturwissenschaftlichen Forschungslaboren dar.

Die Schlüsselkompetenz von wissenschaftlichen Bibliotheken wird in Zukunft darin bestehen, Inhalte mittels möglichst vieler Datenbanken, die verschiedenster Art und verschiedenstem zeitlichen Ursprungs sind, analyse- und zitierfähig den Wissenschaftlern zugänglich zu machen und ihnen beim Umgang mit der Suche in den Datenbanken hilfreich und kompetent zur Seite zu stehen.

Bis diese Transformation vollzogen ist, sind noch viele Aufgaben zu lösen. Neben dem Thema Datenschutz gilt es noch weitere Herausforderungen für die Praxis zu lösen.

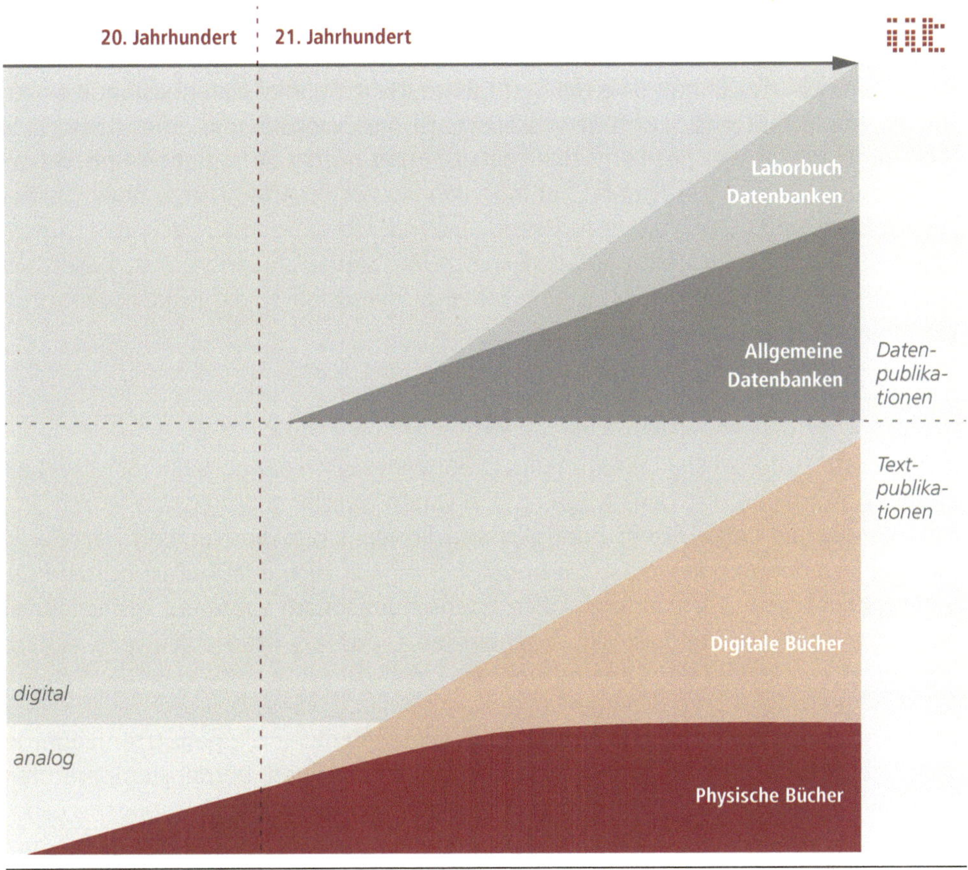

Abbildung 2.1.3.1: Die Entwicklung von wissenschaftlichen Bibliotheken

So ist zum Beispiel eine standardisierte Indizierung der Datenbanken notwendig, um sie in Katalogen der digitalen Bibliotheken eindeutig wiederzufinden. Eine weitere Herausforderung sind Datenbanken mit sich dynamisch ändernden Daten, z. B. Echt-zeit-Verkehrsdaten. Weiterhin sind Datenbanken und Bestände von Verwaltungen für künftige Forschungen zu erhalten und archivieren, sodass auch Volkswirtschaftler und zukünftige Historiker auf Basis unserer heutigen Daten und Datenbanken ihre Forschungen betreiben können. Aber nicht nur die digitalen Datenbestände der Ver-waltungen gehören wissenschaftlich archiviert und bibliothekarisch aufbereitet. Jeg-liche Datenbanken, ob von öffentlichen Kommunikationsplattformen oder von liqui-dierten Unternehmen, gehören bewahrt, um sie für künftige wissenschaftliche Betrachtungen zu konservieren.

Ein weiterer Aspekt für künftige wissenschaftliche Datenbestände ist der Zugriff und Umgang mit Daten in den natur- und ingenieurswissenschaftlichen Disziplinen.

Forschungslabor 4.0: Chancen für Effizienz und Qualitätsmanagement

Nachdem sich abzeichnet, dass die Verfügbarkeit digitaler Datenbestände ein kritischer Erfolgsfaktor für künftige wissenschaftliche Exzellenz und Effizienz ist, stellt sich die Frage, in welcher Form die Digitalisierung mittels Automation und Vernetzung der Laborarbeit in Natur- und Ingenieurswissenschaften hierzu einen Beitrag liefern kann, und ob sich dieser Aufwand auszahlt. Überträgt man die Entwicklungen der Industrie 4.0-Aktivitäten auf den Forschungsbetrieb in Laboren, so lassen sich mehrere Ziele erreichen, welche eine massive Investition in die Digitalisierung der Forschungsinfrastruktur rechtfertigen.

I. Qualitäts- und Datensicherung

Die nächste Stufe der Digitalisierung im Labor wird neben der ohnehin meist vorhandenen Automation und dem Auslesen von Daten verschiedener Geräte eines Messstandes digitale Laborbücher ermöglichen, die nicht nur die Nutzung der Geräte ganzheitlich dokumentieren, sondern darüber hinaus auch ihre Auslastung optimieren und die Ergebnisse auf den lokalen Hochschulrechnern sowie auf speziellen zertifizierten Archivrechnern in der sogenannten Cloud als Read-only-Kopie sichern. Was bedeutet dies für den Laborbetrieb der Zukunft?

Digitale Laborbücher erfassen automatisch und in Echtzeit die genutzten Laborgeräte (inklusive Gerätenummern, Laufzeiten, Verschaltungen, Betriebstemperaturen, Nutzungsdauer mit Tageszeit und Datum, Messdaten usw.), das bedienende Laborpersonal (Präsenzpersonal und Tele-Laboranten), Datum und Zeit der Labor- und Messstand-Nutzung, Umgebungsdaten (geographischer Ort der Messung mit Länge/Breite/Höhe über N.N., Raumtemperatur, Wetter usw.) sowie mögliche Videoaufzeichnungen aus den Laboren, die zur Dokumentation zu Rate gezogen werden.

Digitalisierte Laborinventarlisten, in denen jedes Messgerät nicht nur eine eigene IP-Adresse sondern auch einen eigenen digitalen Kalender zugewiesen bekommt, helfen gerade bei sehr teurem Laborgerät eine optimale Auslastung zu erzielen. Verpflichtet der Gesetzgeber die Forscher dazu, das öffentlich geförderte Labor zukünftig digital einzubinden, ließe sich nicht nur ihre Nutzung belegen, sondern auch Forschern von anderen Einrichtungen die Möglichkeit bieten, die Geräte in den freien Laborzeiten zu nutzen. Die Spiegelung der digitalen Laborbücher zur *Archivierung als Read-only-Kopie auf zertifizierten Cloud-Rechnern* beugt zum einen einem möglichen Datenverlust auf dem lokalen System vor und dient zum anderen der Qualitätssicherung. Manipulationen der ursprünglichen Messdaten, wie sie in den vergangenen Jahren mehrfach publik wurden, sind nicht mehr möglich, da eine Abweichung zwischen dem Laborbuch auf dem lokalen Rechner und auf dem Cloud-Rechner sofort auffällt.

II. Verfügbarkeit und schnellere Mehrfachnutzung von Ergebnissen

Sind die Laborbücher aus öffentlichen Forschungseinrichtungen einmal auf den zertifizierten Cloud-Rechnern eingerichtet, können sie ähnlich wie andere Datenbanken in künftigen wissenschaftlichen Bibliotheken sofort indiziert werden und als bestätigte wissenschaftliche Quelle genutzt werden. Nach Ablauf von öffentlich geförderten Forschungsprojekten, inklusive einer „Schonzeit" für die Forscher zur Veröffentlichung ihrer Ergebnisse, können diese Daten sofort anderen Forschern verfügbar gemacht werden. Dies ermöglicht zum einen eine wesentlich effizientere Verifizierung von Laborergebnissen, da im Zweifelsfall über die Umgebungsdaten geklärt werden kann, worin bei Zweitmessungen durch andere Labore die Unterschiede bestanden. Weiterhin erlaubt eine zentrale Laborbücher-Datenbank noch viel effizientere und schnellere Datenanalysen in Natur- und Ingenieurwissenschaften, als sie heute aufgrund der Schnittstellenproblematik und fehlenden Vernetzung der Laborinfrastrukturen möglich ist.

III. Schnellere und fundiertere Entscheidungsgrundlagen für Investitionen in Forschungsvorhaben und Laborausstattungen

Die Verknüpfung von digitalem Laborbuch und digitalisierter Laborinventarliste kann künftig dafür Sorge tragen, dass die Hochschulverwaltung und der öffentliche Fördermittelgeber eine höhere Transparenz bzgl. der Gerätenutzung erhalten. Ferner kann eine „strategische" Laborbelegung zum Ausbremsen anderer Forschungsgruppen vermieden werden, da die Laborbücher eindeutig belegen, von wem welche Aktivitäten in der beanspruchten Zeit durchgeführt wurden. Die Mittelgeber erhalten auf diese Weise nicht nur ein Qualitäts- und Ressourcenmanagement, sondern demokratisieren und fördern den freien und mehrfachen Erkenntnisgewinn mittels Datenanalysen aus einem einmalig finanzierten Laborvorhaben.

Der übernächste Schritt der Digitalisierung

Was kommt, wenn die nächsten Schritte der Digitalisierung in der Wissenschaft vollzogen sind? Wissenschaftliche Fälschungen in Abschlussarbeiten und in allgemeinen wissenschaftlichen Publikationen könnten in Zukunft durch die hinterlegten Laborbücher auf den Archiv-Servern leichter nachgewiesen werden. Es ist durchaus möglich, dass sich Wissenschaft und Forschung demokratisieren und neue Spieler zulassen. Forschungsaktivitäten und Publikationen können künftig vielleicht auch aus der Gruppe der Laienwissenschaftler kommen und über Citizen Science eine größere Bedeutung gewinnen. Dies kann umso wahrscheinlicher geschehen, wenn die künftigen wissenschaftlichen Bibliotheken die Nutzung der Datenbanken – hier im oben beschriebenen Sinn einer Publikationsquelle gemeint – auch interessierten Laien erlauben. Ein durchaus erfahrener Datenanalyst kann dabei interessante Korre-

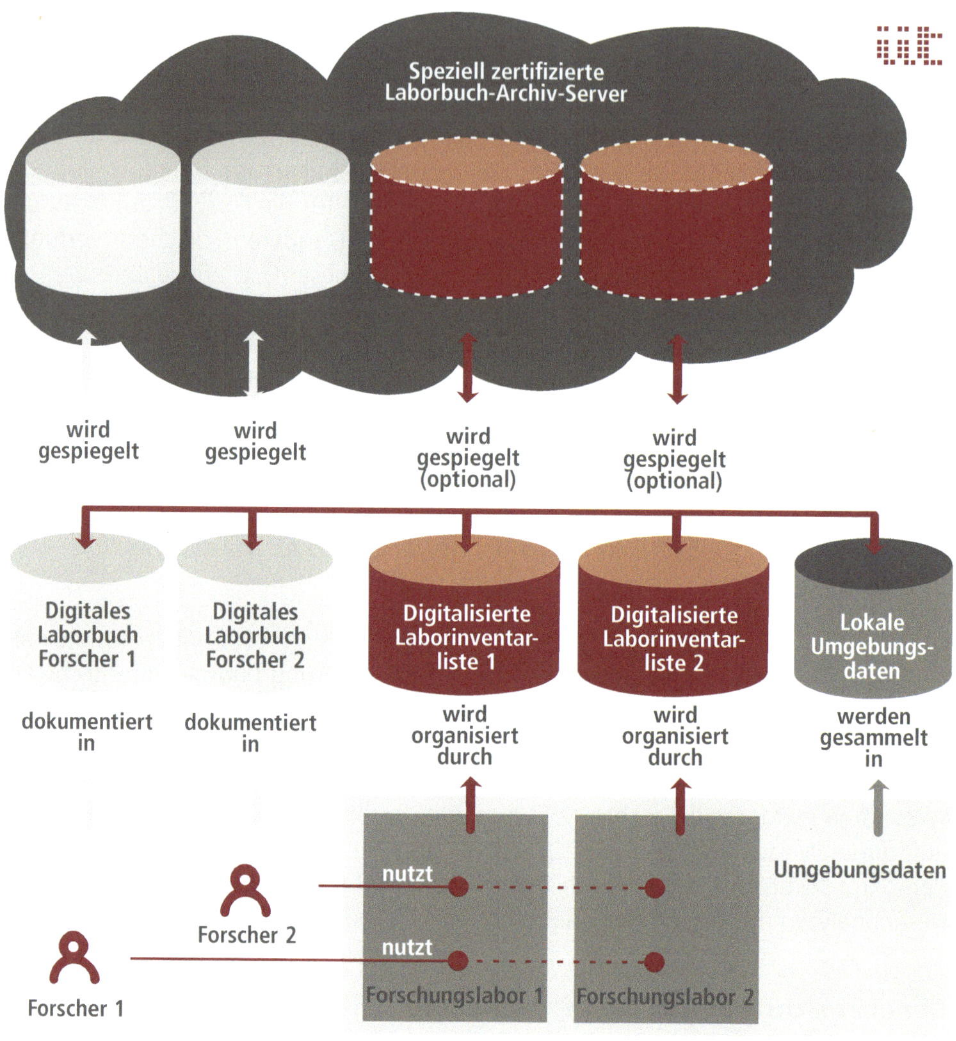

Abbildung 2.1.3.2: Ressourcen- und Qualitätsmanagement im Forschungslabor 4.0

lationen finden und verifizieren, selbst wenn ihm die fachliche Expertise zu den Feldern der Datenbestände fehlt.

Der Einfluss von intelligenten Algorithmen, ob jetzt Mustererkennung, Künstliche Intelligenz oder Deep Learning genannt, wurde in den Ausführungen bisher nur im Bereich der Rechercheunterstützung erwähnt. Betrachtet man vor dem Hintergrund nochmal das Publizieren, kann man davon ausgehen, dass ein intelligenter Algorithmus, der schon in der Textrecherche Kontexte erkennen kann, auch in der Lage sein wird, den Inhalt einer neuen Publikation zu beurteilen. Somit könnte der intelligente Algorithmus auch in bestimmten Bereichen der Wissenschaft als Reviewer eingesetzt werden, der möglicherweise nicht nur schneller, sondern auch objektiver und professioneller als ein menschlicher Reviewer ist.

Schaut man sich die Leistungen von intelligenten Algorithmen in anderen Bereichen an, so lassen sich für den übernächsten Schritt der Digitalisierung in der Wissenschaft weitere Entwicklungen ableiten. Die Verknüpfung von Kontextverständnis bei Textanalysen sowie Datenanalysen in Labordatenbanken innerhalb von intelligenten Algorithmen kann dazu führen, dass diese neue Gesetzmäßigkeiten finden, die den menschlichen Forschern gar nicht oder erst wesentlich später aufgefallen wären, und für ihren Beweis Messungen vorschlagen oder mit Zugriff auf automatisierte Labore diese direkt selbst durchführen.

Algorithmen sind heute schon fähig, einfache Nachrichtentexte eigenständig zu verfassen. Kann ein intelligenter Algorithmus einen Kontext erkennen, so wird er mittelfristig auch in der Lage sein, diese in einem strukturierten Text auszugeben. Spätestens wenn die Wissenschaft an diesem Punkt angekommen ist, wird sich die Frage stellen, ob der intelligente Algorithmus als gleichwertiger Autor neben menschlichen Wissenschaftlern veröffentlichen darf.

Ausblick

Die digitale Zukunft bleibt auch in der Wissenschaft spannend und offen. Fest steht aber schon heute, dass die künftige wissenschaftliche Exzellenz maßgeblich von den Wissenschaftlern und Einrichtungen kommen wird, die einen freien und einfachen Zugang zu unterschiedlichsten Datenbeständen haben und eine ausreichende Kompetenz im Umgang mit Datenbanken und intelligenten Algorithmen im wissenschaftlichen Kontext besitzen.

Literatur

Vicari J (2016) Liken oder forschen?. brand eins, Ausgabe 02/2016 – Schwerpunkt Karriere. www.brandeins.de/archiv/2016/karriere/wissenschaft-zeitaufteilung-forschung-vs-netzwerken-liken-oder-forschen. Zugegriffen: 19.04.2016

BESCHÄFTIGUNGSEFFEKTE UND PERSPEKTIVEN DER ARBEITSGESTALTUNG

Arbeitsmarkt und Digitalisierung – Wie man benötigte digitale Fähigkeiten am Arbeitsmarkt messen kann

Stefan Krabel

—

Neue Gestaltungsmöglichkeiten für die Arbeitswelt

Wenke Apt, Steffen Wischmann

2.2.1 Arbeitsmarkt und Digitalisierung – Wie man benötigte digitale Fähigkeiten am Arbeitsmarkt messen kann

Stefan Krabel

Digitalisierung verändert den Arbeitsmarkt bezüglich drei verschiedener Aspekte. Erstens: Sogenannte technologische Arbeitslosigkeit kann entstehen, weil menschliche Arbeit in Teilen überflüssig wird. Zweitens: Geschäftsmodelle ändern sich. Beispielsweise können technische Lösungen wie Apps das Herstellen des Kontakts zwischen Kunden und Dienstleister übernehmen. Somit können Dienstleister selbstständig agieren, ohne in Unternehmen organisiert zu sein. Drittens: Arbeitnehmer benötigen andere Kompetenzen. IT-Kenntnisse und kognitive Fähigkeiten werden bedeutsamer, Routinetätigkeiten können in vielen Bereichen automatisiert werden. In diesem Beitrag wird ein empirisches Verfahren vorgestellt, das diese Veränderungen messen und quantifizieren kann. Durch die Kombination von Befragungsdaten und Beschäftigungsstatistiken können Qualifikationsbedarfe und Veränderungen in Berufen nachgezeichnet werden. Erste Ergebnisse werden vorgestellt.

Einleitung

Wie verändert die Digitalisierung den Arbeitsmarkt? Welche Auswirkungen auf Beschäftigungsniveau und Tätigkeitsinhalte sind durch die Digitalisierung und die damit einhergehenden technischen Möglichkeiten zu erwarten? Für diese (und ähnliche) Fragestellungen ist es notwendig, zunächst herauszuarbeiten, welche Veränderungen die Digitalisierung bewirken kann – und teilweise bereits bewirkt hat. Daran anschließend wird in diesem Beitrag ein Verfahren vorgestellt, mit dem es möglich ist, die Veränderungen zu analysieren und Handlungsempfehlungen abzuleiten.

In diesem Beitrag werden drei zentrale Entwicklungen fokussiert, die den Arbeitsmarkt nachhaltig beeinflussen. Erstens ist die Technisierung von Arbeit in der politischen und medialen Debatte teilweise von der Sorge geprägt, dass in Zukunft ein Teil der Arbeitsplätze „vernichtet" werden könnte. Denn die fortschreitende Technisierung ist durchaus auch von dem Ziel geprägt, menschliche Tätigkeiten zu formalisieren und auf Maschinen zu übertragen. Zweitens können sich Geschäftsmodelle durch die zunehmende Vernetzung verändern. Insbesondere koordinierende Aufgaben in Dienstleistungen, beispielsweise von Taxizentralen, können durch direkte Verbindung von Kunden und Dienstleistern – zumindest in Teilen – überflüssig werden. Drittens kann davon ausgegangen werden, dass sich Fähigkeiten am

Arbeitsmarkt durch den digitalen Wandel verändern. Wenn einfache Tätigkeiten von technischen Hilfsmitteln übernommen werden, so werden in Zukunft andere Tätigkeiten, wie digitale Kompetenzen oder auch kognitive Fähigkeiten, stärker gefordert sein.

Doch wie lassen sich die Auswirkungen solcher Entwicklungen empirisch messen? Wie verändert sich der Arbeitsmarkt durch die Digitalisierung? In diesem Beitrag wird ein empirisches Verfahren dargestellt, das durch die Verknüpfung verschiedener Daten die Digitalisierung und Komplexität der geforderten Tätigkeiten am Arbeitsmarkt empirisch messbar macht. Mit Hilfe dieses Vorgehens kann verifiziert werden, wie stark sich digitale Kompetenzen, Komplexität der Tätigkeiten und kognitive Fähigkeiten am Arbeitsmarkt verändern – und so einen Ausblick darüber geben, welche Fähigkeiten in Zukunft stärker, respektive weniger stark, benötigt werden.

Digitalisierung und Arbeitsmarkt: (erste) Befunde aus der Fachliteratur

I. Verlust von Arbeit durch technologische Arbeitslosigkeit

Industrie 4.0 und Digitalisierung sind wichtige Schlagworte, mit denen eine Revolution der Arbeit prophezeit und prognostiziert wird. Damit verbunden ist einerseits die Prognose zu künftigen technischen Möglichkeiten, andererseits aber auch die Vorhersage, dass in Zukunft weniger Menschen benötigt werden, da technische Lösungen einen großen Teil der Arbeit übernehmen.

Es besteht die Sorge, Technik mache menschliche Arbeit zu großen Teilen überflüssig. Ein Beispiel hierfür ist die Entwicklung von Robotern, die in Zukunft etwa im Bereich der Pflege und der Gastronomie menschliche Arbeit ersetzen könnten. Ökonomen sprechen dabei von der Gefahr der „technologischen Arbeitslosigkeit". Diese entsteht, wenn durch technische Lösungen menschliche Arbeitsplätze verloren gehen, und die betroffenen Arbeitskräfte nicht anderweitig beschäftigt werden können.

Die Ökonomen Frey und Osborne der Oxford University prognostizieren (Frey und Osborne 2013) für den amerikanischen Arbeitsmarkt, dass *rund die Hälfte der heutigen Jobs in Zukunft nicht mehr durch menschliche Tätigkeit und Arbeit verrichtet wird.* Im Rahmen dieser Studie haben Experten eingeschätzt, welche menschlichen Tätigkeiten verschiedener Berufe in Zukunft durch technische Lösungen, wie vernetzte Produktionen, Roboter, Apps oder weitere technische Lösungen, voll automatisiert werden können. Als Ausgangspunkt dafür diente eine Beschreibung von Tätigkeiten in verschiedenen Berufen, die das US Department of Labor seit 2010 unter dem Namen „O-NET" veröffentlicht.

Diese Methodik wurde mittlerweile auch auf Deutschland angewandt. In einem Papier von Bonin et al. (2015) wurde die Klassifizierung von Frey und Osborne übernommen. Dabei wurden den Berufsgruppen der deutschen Beschäftigungsstatistik möglichst ähnliche – passfähige – Beschäftigungen der US-amerikanischen Statistik zugeordnet. Bonin et al. finden in ihrer Analyse einen deutlich moderateren Effekt von – aber immerhin – zwölf Prozent aller Jobs, die in Deutschland gefährdet sind.

Zwei Studien im renommierten internationalen „Journal of Economic Perspectives" argumentieren, dass die Angst um Arbeitsplatzverluste induziert durch technologischen Wandel historisch immer wieder aufgetreten ist (Autor 2015; Mokyr et al. 2015). Doch trotz immer wiederkehrender Warnungen, dass massive Arbeitsplatzverluste entstehen, sind diese Befürchtungen nie eingetreten. Aufgrund dieser verschiedenen Prognosen muss der Arbeitsmarkt kontinuierlich beobachtet und analysiert werden, um Entwicklungen am Arbeitsmarkt frühzeitig zu identifizieren und deren Ausmaß quantifizieren zu können.

II. Veränderung von Geschäftsmodellen und Unternehmensstruktur

Die Digitalisierung verändert vor allem auf zwei Arten Geschäftsmodelle. Erstens: In den vergangenen zehn Jahren sind digitale Marktplätze entstanden, die Dienstleistungen anbieten, welche früher von Unternehmen übernommen worden sind, so zum Beispiel Airbnb, Lieferheld oder MyTaxi. Diese neuen Geschäftsmodelle revolutionieren gerade die Hotellerie, die Gastronomie und das Taxigewerbe. Kunden und Dienstleister kommunizieren über Apps, nicht mehr über Unternehmen. Beispielsweise sind Taxifahrer nicht mehr über Zentralen, sondern teilweise über Apps koordiniert.

Zweitens ändern sich durch diese Entwicklung auch Unternehmensstrukturen und Beschäftigungsarten. Vereinfacht ausgedrückt: Unternehmen, die primär als Vermittler von Kunden und Dienstleistungen bzw. Kunden und Waren dienen, werden nahezu überflüssig. Dadurch können in einzelnen Branchen Dienstleister zu selbstständigen Anbietern werden, die nicht mehr über Unternehmen organisiert sind. Insofern ändern sich offenbar nicht nur Geschäftsmodelle, sondern auch Unternehmensstrukturen – möglicherweise mit häufigerer sogenannter Solo-Selbstständigkeit von Dienstleistern, die nicht mehr über Zentralen und Firmen organisiert sind. *Fazit: Geschäftsmodelle werden sich durch digitale Möglichkeiten verändern.*

III. Neue Herausforderungen für die Arbeitswelt und den Arbeitsmarkt

Bislang hat jeder strukturelle oder technologische Wandel statt zu einer anfänglich befürchteten Vernichtung lediglich zu einer Verschiebung von Arbeitsinhalten und Arbeitsverhältnissen geführt. So haben beispielsweise technische Neuerungen in der Mikroelektronik und der Internettechnologie in den 1990er Jahren nicht zu einer

Veränderung der Beschäftigung geführt; weltweit liegt die Beschäftigungsquote zwischen 1993 und 2003 nahezu unverändert bei ca. 63 Prozent (Hübner 2010).

Es ergeben sich veränderte *Aufgaben- und Anforderungsprofile und dementsprechend Qualifizierungsbedarfe*, die mit der Digitalisierung einhergehen. Unstrittig unter Experten ist, dass hier deutliche Veränderungen in der Arbeitswelt zu erwarten sind. Strittig und derzeit nicht klar bestimmbar ist jedoch die eindeutige Identifikation der Veränderungen. *Fazit: Es gilt, Herausforderungen und benötigte Kompetenzen frühzeitig zu identifizieren.*

Zudem zeigen bisherige Studien zu Veränderungen der Arbeitswelt auch, dass technologischer Fortschritt zu einem Rückgang von Beschäftigungsverhältnissen mit überwiegend routinierten, leicht zu automatisierenden Tätigkeiten führt, dafür aber andere Fähigkeiten in Zukunft wichtiger werden (Autor et al. 2003; Spitz-Öner 2006). Technische Lösungen können routinierte Tätigkeiten in der Produktion oder – wie oben dargestellt – auch in der Allokation von Dienstleistungen übernehmen. Die dadurch frei werdende Kapazität menschlicher Arbeit muss aber nicht zwingend wegfallen – wie oben beschrieben, sondern kann anderweitig genutzt werden (Eichhorst et al. 2015). Insbesondere Tätigkeiten, bei denen der Mensch der Maschine überlegen ist, können vermehrt nachgefragt werden (ifaa 2015), etwa bei kognitiven Prozessen oder auch der interdisziplinären Arbeit an neuen Dienstleistungen oder Prozessen, die nun ermöglicht werden. Hervorzuheben sind dabei folgende Kompetenzen, die in Zukunft stärker gefordert werden:

- kognitive Fähigkeiten und

- interdisziplinäre Teamfähigkeit.

Zwei Beispiele hierzu: Wenn erstens Ingenieure weniger Arbeit auf die Koordinierung räumlich getrennter Produktionen aufwenden müssen, kann mehr Arbeit in die Entwicklung neuer Produkte fließen. Dadurch kann die Forschungs- und Entwicklungsarbeit ausgeweitet werden. Wenn zweitens technische Lösungen in der Medizin einfache Tätigkeiten wie die Blutabnahme übernehmen oder durch Telemedizin den Umfang persönlicher Arztbesuche bei Patienten reduzieren, so kann die durchschnittliche Zeit für die Untersuchung von Patienten erhöht werden.

Wie kann man den Einfluss von Digitalisierung messen?

I. Bestehende Ansätze

In Abschnitt 2 sind die möglichen bevorstehenden Veränderungen des Arbeitsmarktes durch die Digitalisierung diskutiert worden. Doch wie kann man solche Verände-

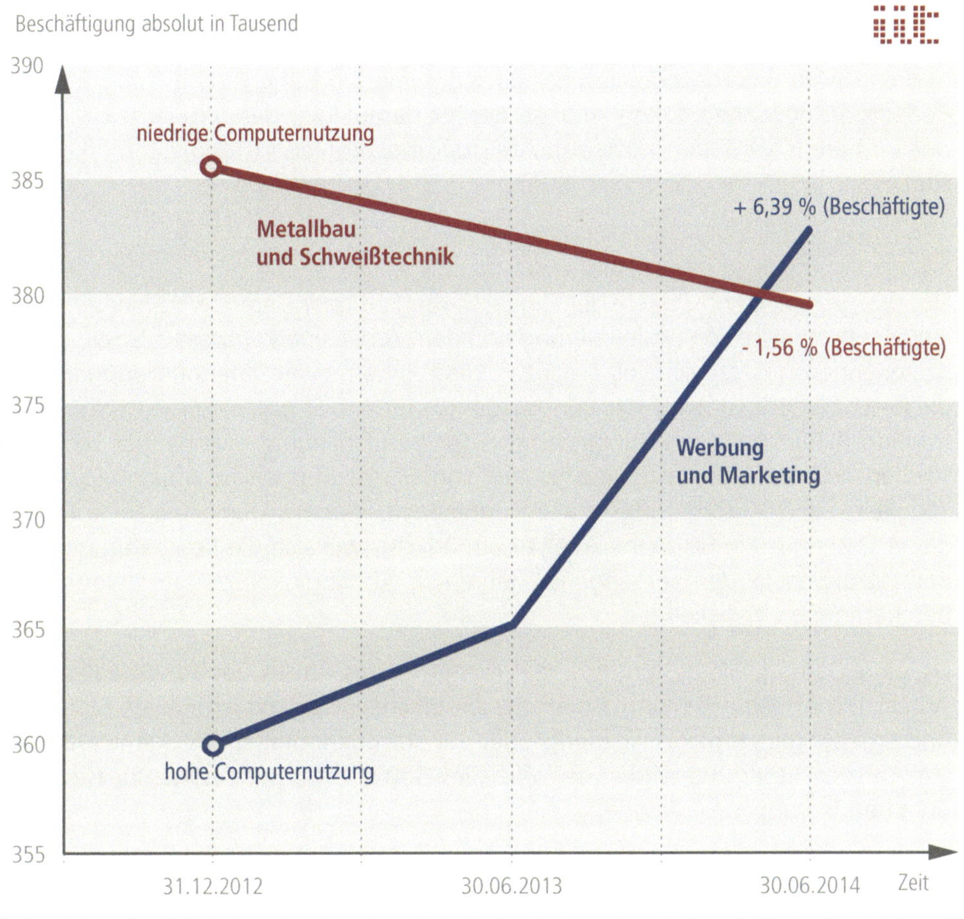

Abbildung 2.2.1.1: Beschäftigung in Abhängigkeit von digitalen Fähigkeiten am Beispiel zweier ausgewählter Berufsgruppen

rungen erfassen? Wie kann man den Einfluss der Digitalisierung auf Arbeitswelt und Arbeitsmarkt quantifizieren?

Im Monitoringbericht „Digitale Wirtschaft" – herausgegeben vom ZEW Mannheim in Kooperation mit Infratest-Dimap – wurde der Branchenindex DIGITAL erarbeitet. In diesem Ansatz werden etwa die Häufigkeit der Computernutzung, der Ausbau der digitalen Infrastruktur und der Anteil der Computernutzung im Arbeitskontext durch eine repräsentative Umfrage gemessen. Dieser Ansatz hat den Vorteil, dass zwar das Ausmaß der Nutzung von Computern gemessen werden kann, aber auch den Nachteil, dass die benötigten IT-Fähigkeiten in der Beschäftigung nicht gemessen werden.

Eine detaillierte Analyse von benötigten Fähigkeiten im Beruf liefert eine Studie der Bertelsmann-Stiftung. In dieser Studie wurde mithilfe der integrierten Erwerbsbiografien (SIAB) u. a. nachgewiesen, dass kognitive und analytische Fähigkeiten an Bedeutung gewinnen. Diese Analyse deutet darauf hin, dass am Arbeitsmarkt in der Tat bereits Veränderungen von Anforderungsprofilen in Tätigkeiten erkennbar sind.

II. Neuer Ansatz

Um die „versteckten" Effekte der Digitalisierung zu analysieren, wird hier ein neuer Ansatz zur Analyse von Digitalisierung und dem Arbeitsmarkt vorgeschlagen, der die bestehenden Ansätze sinnvoll ergänzen kann. Indem zwei Datenquellen, und zwar die Beschäftigungsstatistik der Bundesagentur für Arbeit und die Erwerbstätigenbefragung (BIBB/BAuA) des Bundesinstituts für Berufsbildung, miteinander verknüpft werden, können Beschäftigungsniveaus von Berufsgruppen in Abhängigkeit von Tätigkeits- und Anforderungsprofilen untersucht werden. Durch die Verknüpfung dieser Datenquellen wird eine Analyse ermöglicht, wie sich die Beschäftigung nach Berufsgruppen in den vergangenen Jahren in Abhängigkeit der Komplexität der Beschäftigung entwickelt hat.

Die erste Datenquelle besteht aus der Beschäftigungsstatistik der Bundesagentur für Arbeit. Die Angabe des Berufs oder der beruflichen Tätigkeit ist in allen Statistiken und Erhebungen zum Arbeitsmarkt oder zur sozioökonomischen Lage in Deutschland unverzichtbar und wird in der offiziellen Statistik der Bundesagentur für Arbeit über Berufsgruppen verwendet.

Die zweite Datenquelle ist eine repräsentative Befragung von Erwerbstätigen des BIBB, die ebendiese Klassifizierung der Berufsgruppen verwendet. Hierdurch können die erhobenen Daten zu Kompetenzprofilen nach Berufsgruppen gruppiert und Mittelwerte nach Berufsgruppen errechnet werden.

Diese beiden Datenquellen können über die Angabe von Berufsgruppen verknüpft werden. Dazu ist eine Aufbereitung der Erwerbstätigenbefragung notwendig, die Individualdaten zu Angaben nach Berufsgruppen aggregiert. Derartig aggregierte Daten können mit den Beschäftigungsdaten verknüpft werden.

Fazit und Ausblick

Insgesamt ist in der Diskussion festzuhalten, dass die fortschreitende Digitalisierung sowohl Chancen als auch Herausforderungen mit sich bringt. Möglich ist die Reduzierung der Arbeitskräfte durch zunehmenden Ersatz menschlicher Arbeitskraft durch Roboter, digitale Technologien und vernetzte Objekte. Möglich ist aber auch, dass durch intelligente Kombinationen von technischen und menschlichen Fähigkeiten neue Geschäftsmodelle und neue Produkte entstehen und die Arbeitsproduktivität – gemessen am Status quo – sogar steigt.

Mit dem hier vorgestellten Verfahren zur Messung der Digitalisierung am Arbeitsmarkt wird ermöglicht, den Bedarf an digitalen, kognitiven und analytischen Fähigkeiten am Arbeitsmarkt messbar zu machen. Auch die Veränderung der Beschäftigung kann in Abhängigkeit dieser Fähigkeiten mittels Zeitreihenanalysen untersucht werden. Damit schafft dieses neue Verfahren einen erheblichen Mehrwert gegenüber bisherigen Ansätzen.

Dabei ist es mit diesem Ansatz möglich, das Ausmaß entstehender technologischer Arbeitslosigkeit zu approximieren, indem der Beschäftigungsrückgang leicht zu automatisierender Tätigkeiten empirisch ermittelt wird. Ferner können benötigte Anforderungsprofile am gesamten Arbeitsmarkt sowie in einzelnen Berufsgruppen erstellt werden.

Erste Ergebnisse der Analyse mit Hilfe der Verknüpfung von Beschäftigungsstatistiken und den Befragungen von Beschäftigten zeigen zwei Ergebnisse:

- Verschiebungen am Arbeitsmarkt in Abhängigkeit von digitalen Kompetenzen sind im Zeitraum von 2001 bis 2014 (noch) nicht erkennbar.

- Entwicklungen im Beschäftigungsniveau in einzelnen Berufsgruppen sind eher marginal und in allen Branchen zu finden.

Ein Vergleich der Beschäftigung ist auch zwischen bestimmten Berufsgruppen möglich. In Abbildung 2.2.1.1 ist exemplarisch für die Berufsgruppen „Werbung und Marketing" sowie „Metallbau und Schweißtechnik" die Beschäftigung in Abhängigkeit von digitalen Fähigkeiten angegeben. Die Häufigkeit der Computernutzung und der Bedarf an digitalen Fähigkeiten sind in „Werbung und Marketing" deutlich stärker ausgeprägt als in „Metallbau und Schweißtechnik". Die Abbildung verdeutlicht anhand von drei Zeitpunkten die Zunahme der Beschäftigung in der Berufsgruppe „Werbung und Marketing" respektive die Abnahme der Beschäftigung in Abhängigkeit von digitalen Fähigkeiten in der Berufsgruppe „Metallbau und Schweißtechnik".

Dieses Beispiel ist allerdings nur exemplarisch für zwei Berufsgruppen und deutet an, wie (einfache) Auswertungen mit dem hier vorgestellten Ansatz durchgeführt werden können. Über den gesamten Arbeitsmarkt hinweg deuten die ersten Ergebnisse darauf hin, dass es bislang keine substanziellen Verwerfungen am Arbeitsmarkt gegeben hat. Die Entwicklung digitaler Möglichkeiten ist in vielen Anwendungsgebieten noch nicht vollends ausgeschöpft, sodass sich sowohl das Beschäftigungsniveau, insbesondere in technischen Berufen und Dienstleistungen, als auch die Bedeutung digitaler Kompetenzen in den kommenden Jahren noch deutlich ändern können.

Weitere Analysen der Entwicklung des Arbeitsmarktes und eine Ausweitung der Analyse auf die Komplexität von Tätigkeiten sind mit dem hier vorgestellten Ansatz möglich. Insofern kann dieser Ansatz zur Arbeitsmarktpolitik *und* zur Gestaltung der Aus- und Weiterbildung beitragen. Auch regionale Analysen nach Bundesländern sind möglich. Weitere Analysen sollten dabei insbesondere folgende Punkte berücksichtigen:

- Nachzeichnen der Veränderungen von Tätigkeits- und Anforderungsprofilen am Arbeitsmarkt

- Prognose der Beschäftigungsentwicklung in Berufsgruppen

- Separate Analyse der Beschäftigungsentwicklung nach Profil geforderter Kompetenzen

- Identifikation des Zeitpunkts, der den Beginn von Dynamiken am Arbeitsmarkt (bedingt durch Digitalisierung) darstellt

Literatur

Autor DH, Levy F, Murnane RJ (2003) The Skill Content of Recent Technological Change: An Empirical Explanation. In: The Quarterly Journal of Economics 118(4), S 1279–1333

Autor DH (2015) Why Are There Still So Many Jobs?. The History and Future of Workplace Automation. In: Journal of Economic Perspectives 29(3), S 3–30

Bonin H, Gregory T, Zierahn U (2015) Übertragung der Studie von Frey/Osborne (2013) auf Deutschland. Forschungsbericht 455. ZEW-Kurzexpertise Nr. 57, Zentrum für Europäische Wirtschaftsforschung (ZEW). Bundesministerium für Arbeit und Soziales (BMAS). ftp.zew. de/pub/zew-docs/gutachten/Kurzexpertise_BMAS_ZEW2015.pdf. Zugegriffen: 21.12.2015

Eichhorst W, Ami P, Buhlmann F, Isphording I, Tosch V (2015) Wandel der Beschäftigung. Institut zur Zukunft der Arbeit/Bertelmann Stiftung, S 1–84. www.iza.org/en/webcontent/ publications/reports/report_pdfs/iza_report_68.pdf. Zugegriffen: 22.03.2016

Frey CB, Osborne MA (2013) The future of employment: How susceptible are jobs to computerization?. www.oxfordmartin.ox.ac.uk/downloads/academic/The_Future_of_ Employment.pdf. Zugegriffen: 22.12.2015

Institut für angewandte Arbeitswissenschaft (ifaa) (2015) ifaa-Studie: Industrie 4.0 in der Metall- und Elektroindustrie. Institut für angewandte Arbeitswissenschaft, Düsseldorf

Hübner P (2010) Arbeitsgesellschaft in der Krise? Eine Anmerkung zur Sozialgeschichte der Industriearbeit im ausgehenden 20. Jahrhundert. Zeitgeschichte online, Januar 2010. www.zeitgeschichte-online.de/thema/arbeitsgesellschaft-der-krise. Zugegriffen: 20.02.2016

Mokyr J, Vickers C, Ziebarth NL (2015) The History of Technological Anxiety and the Future of Economic Growth: Is This Time Different?. In: Journal of Economic Perspectives 29(3), S 31–50

Spitz-Öner A (2006) Technical Change, Job Tasks, and Rising Educational Demands: Looking outside the Wage Structure. In: Journal of Labor Economics 24(2), S 235–270

2.2.2 Neue Gestaltungsmöglichkeiten für die Arbeitswelt

Wenke Apt, Steffen Wischmann

Im Zuge der Digitalisierung lassen sich aktuell zwei technologische Trends erkennen. Algorithmen, Maschinen, Roboter, IT-Systeme werden einerseits immer intelligenter, autonomer und universeller einsetzbar. Anderseits lassen sich viele hochkomplexe technische Systeme immer leichter bedienen. Aus diesen beiden Entwicklungen ergibt sich das bisher nie dagewesene Potenzial, Arbeit völlig neu zu gestalten. Im Fokus des Beitrags stehen deshalb die digital vermittelte Gestaltbarkeit von Arbeitssystemen im demografischen Wandel und die daraus resultierenden Auswirkungen auf die Innovationsfähigkeit von Unternehmen. Es wird deutlich, dass sowohl die Wirtschaftsstruktur Deutschlands als auch der demografische Wandel eine bewusste Entscheidung zugunsten des Menschen und seiner individuellen Fähigkeiten bei der Gestaltung der digitalen Arbeitswelt erfordern.

Bereits seit Einführung des Computer-Integrated-Manufacturing in den 1980er Jahren und verstärkt unter dem Eindruck einer sich herausbildenden Industrie 4.0 werden die potenziellen Auswirkungen der fortschreitenden Digitalisierung für die Wirtschafts- und Arbeitswelt diskutiert. Die damit verbundene (Anti-)Vision der „menschenleeren Fabrik", wie etwa die im Jahr 1983 in Betrieb genommene Halle 54 von Volkswagen, stammt ebenso aus der Aufbruchphase in die vernetzte, integrierte, zunehmend digitalisierte Produktion wie die Diskussion um das „Ende der Arbeitsteilung". Die Wertschöpfungsprozesse werden demnach zunehmend von Maschinen und digitalen Algorithmen dominiert sein, die miteinander kommunizieren und Arbeitsabläufe weitestgehend eigenständig organisieren. Dabei werden Maschinen, Roboter und Fahrzeuge intelligenter, autonomer und universeller einsetzbar. Intuitive Bedienkonzepte aus dem Alltag, wie die Gestensteuerung von Smartphones, halten Einzug in die Arbeitswelt. Hochkomplexe technische Systeme lassen sich leichter bedienen. Daraus ergeben sich – auch mit Blick auf den demografischen Wandel – neue Gestaltungspotenziale für die Arbeit von morgen.

Prinzipiell lässt sich das Gestaltungsspektrum digitaler Arbeit anhand von zwei Extremszenarien umreißen (Abbildung 2.2.2.1): Im sogenannten Werkzeugszenario initiieren und liefern digitale Technologien oder vernetzte Objekte Informationen für Entscheidungen, die von den Beschäftigten oder in Gruppen getroffen werden. Damit werden digitale Technologien entscheidungsfördernd, also als Werkzeuge genutzt. Elementare Grundlage für koordinative Entscheidungen ist die Erfahrung

	Werkzeugszenario	**Automatisierungsszenario**
Rolle der Technik	Befähigend und entscheidungsunterstützend	Technik trifft Entscheidungen und lenkt den Menschen
Produktivität	Tendenziell geringer, aber wettbewerbsfähig, insbesondere bei anspruchsvollen und komplexen Produkten und wenn eine variantenreiche bzw. individualisierte Produktion benötigt wird	Kann maximiert werden
Personalbedarf	Qualifiziertes Personal aller Qualifikationsstufen: Ingenieure, Facharbeiter mit Zusatzqualifikationen, Facharbeiter	Dispositive (Entscheidungs-)Ebene: qualifizierte Experten und Ingenieure; Facharbeiter mit Zusatzqualifikationen für die mittlere Ebene; Angelernte für einfache Tätigkeiten
Handlungsspielraum	Funktionsübergreifend eher hoch; Mikromanagement der Aufgabenausführung verbleibt beim Werker	Stark abhängig von der Funktionsebene; auf der dispositiven Ebene hoch, auf operativer Ebene eher niedrig, insbesondere bei Segmentierung der Arbeit in abgegrenzte, vorgegebene Teilaufgaben
Aufgabenkomplexität	Hoch, da aufgrund der Produktionserfordernisse (vgl. „Produktivität") der Grad der Taylorisierung begrenzt ist	Durch Aufgabenteilung eher gering; allerdings: Möglichkeit der Qualifikationsaufwertung und Tätigkeitsanreicherung durch eigenständige Planung und Koordination von Abläufen
Partizipation und Kooperation	Hoch	Stark abhängig von der Funktionsebene, jedoch eher gering und unsystematisch
Teamarbeit	Flexibel, bewusst	Flexibel, unbewusst
Erfahrungswissen der Mitarbeiter	Hohe Bedeutung	In Wissensmanagementsystemen abgelegt
Lernförderlichkeit	Hoch	Gering, da weitgehend irrelevant
Arbeitsorganisation	Verschmelzen von dispositiver und operativer Ebene	Trennung von dispositiver Ebene und operativer Ebene

Abbildung 2.2.2.1: Gestaltungsraum von Arbeit mithilfe digitaler Technologien und Auswirkungen auf verschiedene Dimensionen von Arbeit

der Beschäftigten. Hingegen ist das Automatisierungsszenario dadurch gekennzeichnet, dass Kontroll- und Steuerungsaufgaben von der Technik übernommen werden. Die Beschäftigten werden dabei durch die Technik „gelenkt" und sind vorrangig für ausführende Tätigkeiten und die Fehlerbehebung zuständig. Die Technik entscheidet also weitestgehend selbstständig. Das vorhandene Erfahrungswissen der Beschäftigten wird in Wissensmanagementsysteme überführt, damit zwar systematisiert und zentral abrufbar, auf operativer Ebene jedoch zunehmend unwichtiger (Hirsch-Kreinsen 2015).

Die tatsächliche Arbeitsgestaltung bewegt sich zumeist zwischen diesen beiden Polen des Kontinuums. So lassen sich viele Mischformen der beiden Szenarien finden, und es gibt auch keinen zwangsläufigen Technikdeterminismus: Eine Technologie, beispielsweise die Datenbrille, kann sowohl dazu dienen, den Menschen in seinen Entscheidungen durch das Aufbereiten notwendiger Informationen zu unterstützen (Werkzeugszenario), als auch den Menschen mit detaillierten Ausführungsbefehlen zu lenken (Automatisierungsszenario).

Innerhalb dieses Spektrums wirkt sich der Technikeinsatz auf die notwendigen Qualifikationsanforderungen, die Arbeitsorganisationsmodelle und die Anzahl der Beschäftigten aus. Im Folgenden werden zwei Dimensionen näher beleuchtet, die bisher wenig diskutiert werden: die Auswirkungen des Technikeinsatzes auf die Innovationsfähigkeit von Unternehmen und der Zusammenhang mit dem demografischen Wandel.

Arbeitsgestaltung und Innovationsfähigkeit

Unternehmen können ihre Wettbewerbsfähigkeit prinzipiell auf zwei Wegen erhöhen: durch eine Reduzierung der Arbeitskosten im Vergleich zur Wertschöpfung oder durch innovative Lösungen und Produkte, die sich durch ein hohes Alleinstellungsmerkmal auszeichnen. Ersteres kann entweder durch geringere Lohnkosten oder durch eine stärkere Automatisierung erreicht werden. Der Erfolg der deutschen Wirtschaft beruht allerdings insbesondere auf der Innovationsfähigkeit der Unternehmen. Für die Innovationsfähigkeit sind insbesondere Humankapital, Beziehungskapital und Strukturkapital von Bedeutung (Hartmann et al. 2014; Hartmann 2015). Humankapital bezieht sich dabei auf das Wissen und die Erfahrung der Beschäftigten (vgl. Kapitel 2.1.1 und 2.2.1), das Beziehungskapital auf Wissensaustausch und -erzeugung in Kooperationsnetzwerken zwischen Unternehmen, Bildungs- und Forschungseinrichtungen, Intermediären und weiteren Partnern (vgl. Kapitel 3.3.2). Das Strukturkapital bezieht sich auf lern- und innovationsförderliche Unternehmensstrukturen.

Beim Strukturkapital, und speziell für die Lernförderlichkeit von Arbeitsplätzen, sind zwei wichtige Aspekte zu unterscheiden: In der Aufgabenkomplexität spiegelt sich

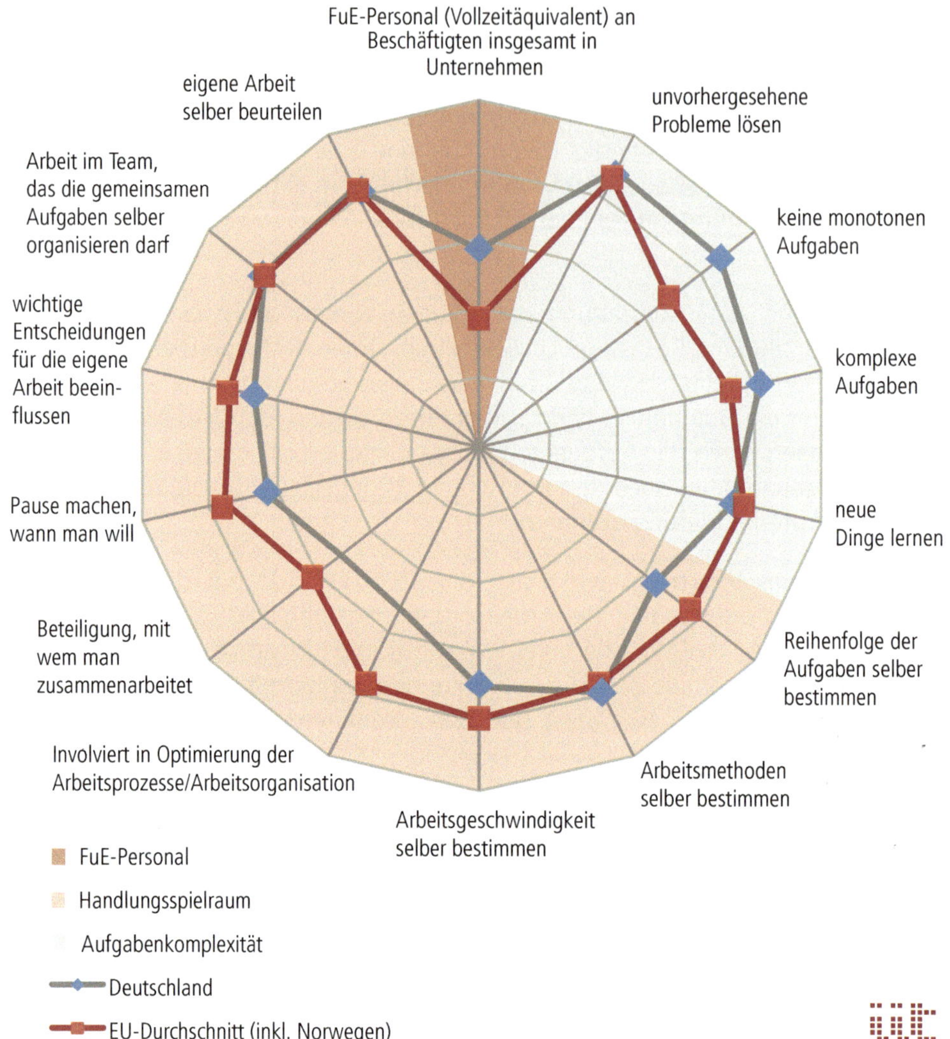

Abbildung 2.2.2.2: Aufgabenkomplexität und Handlungsspielräume als Merkmale des Strukturkapitals anhand des iit-Innovationsfähigkeitsindikators. Bei einer umfassenden Ausprägung der Einzelmerkmale sind sowohl die Bedingungen für „Gute Arbeit" wie auch für Lernförderlichkeit und Innovationsfähigkeit erfüllt.

wider, inwieweit unterschiedliche und anspruchsvolle Kompetenzen in der Arbeit einerseits erforderlich sind und andererseits dadurch immer wieder Notwendigkeiten und Chancen des Lernens entstehen. Ein weiterer Aspekt der Lernförderlichkeit neben der Aufgabenkomplexität ist die Möglichkeit der Partizipation, also der Mitwirkung an der Gestaltung der eigenen Arbeit, und damit zusammenhängend die Handlungsspielräume in der Arbeit. Abbildung 2.2.2.2 stellt die Einzelkomponenten dar, mit denen sowohl die Aufgabenkomplexität als auch die Mitwirkung an der Gestaltung der Arbeit ermittelt werden können.

Partizipationsmöglichkeiten und Handlungsspielräume sind in Deutschland vergleichsweise unterdurchschnittlich ausgebildet. Die Aufgabenkomplexität ist dagegen stark ausgeprägt. Dafür lassen sich mehrere Ursachen finden. Zunächst erfordern Entwicklung, Herstellung, Vertrieb und Wartung hochspezialisierter und komplexer Industrieprodukte (z. B. Maschinen und Anlagen) auch entsprechend komplexe Aufgabenstrukturen. Weiterhin trägt auch das im internationalen Vergleich hohe Qualifikationsniveau der beruflich Gebildeten dazu bei, dass solche anspruchsvollen Aufgabenstrukturen möglich sind und entsprechend realisiert werden. Demzufolge ist auch die Polarisierung der Aufgabenstrukturen, etwa zwischen beruflich und hochschulisch Gebildeten, im internationalen Vergleich eher gering ausgeprägt. Dies ist eine Stärke der deutschen Wirtschafts- und Bildungsstrukturen, insbesondere in der Industrie.

Die hohe Aufgabenkomplexität trägt damit direkt zur Innovationsfähigkeit der deutschen Wirtschaft bei. Werden digitale Technologien künftig verstärkt im Sinne des Automatisierungsszenarios eingesetzt, droht eine Verringerung der Aufgabenkomplexität, da dies vom Strukturkapital, also den Menschen, in die Technik abwandert. Dem kann durch den Einsatz neuer digitaler Assistenzsysteme mit tutoriellen Funktionen im Sinne des Werkzeugszenarios entgegengewirkt werden, die dazu beitragen, Arbeits- und Lernprozesse miteinander zu verschmelzen. Damit kann die Aufgabenkomplexität auf einem hohen Niveau gehalten werden. Zugleich könnte sich dadurch ein gleichmäßigerer, egalitärerer Zugang zu Wissen etablieren – eine „Demokratisierung des Wissens" (vgl. Kapitel 2.1.3). Damit können also auch größere Entscheidungs- und Handlungsspielräume als bisher eröffnet werden.

Der Einsatz digitaler Technologien im Sinne des Automatisierungsszenarios birgt zwar ein hohes Potenzial für eine Produktivitätserhöhung, wird dabei jedoch nicht der für Deutschland prägenden hohen ökonomischen Komplexität (Hausmann et al. 2013) und den damit verbundenen Produkten gerecht. Die Erzeugung komplexer und systemischer Produkte erfordert eine andere Produktionsgestaltung als die Herstellung einfacher Produkte oder Halbzeuge. Neue digitalisierte Arbeits- und Aufgabenstrukturen haben das Potenzial, den Erhalt der Aufgabenkomplexität zu sichern und den Ausbau partizipativer Arbeitselemente zu fördern und somit die Innovationsfähigkeit der Unternehmen auszubauen (vgl. Apt et al 2016). Auch mit Blick auf die Bevölkerungsentwicklung in Deutschland, die weiterhin von Alterung und Schrumpfung geprägt sein wird, ergeben sich dadurch neue Möglichkeiten der Inklusion und Wertschöpfung.

Arbeitsgestaltung im demografischen Wandel

Nach der aktuellen Bevölkerungsvorausberechnung des Statistischen Bundesamtes wird die Gesamtbevölkerung von 81,3 Millionen im Jahr 2015 auf 73,1 Millionen im Jahr 2060 zurückgehen (Destatis 2015). Insbesondere die Alterung der stark besetzten mittleren Jahrgänge führt dabei zu tief greifenden Veränderungen in der Altersstruktur. Vor allem die Bevölkerung im erwerbsfähigen Alter entwickelt sich rückläufig, während der Anteil älterer Menschen überproportional steigt. Die Bevölkerung im erwerbsfähigen Alter zwischen 20 und 64 Jahren ist bereits seit dem Jahr 2005 in Deutschland rückläufig (ebd. 2015). Innerhalb der erwerbsfähigen Bevölkerung verschiebt sich die Altersstruktur; insbesondere die mittlere erwerbsfähige Altersgruppe der 30- bis 49-Jährigen geht zurück und die erwerbsfähige Bevölkerung wird zu einem erheblichen Teil aus Menschen bestehen, die älter als 50 Jahre sind (Destatis 2009).[1] Ungeachtet der zuletzt hohen Zuwanderung von Asylsuchenden bleiben die Weiterbeschäftigung älterer Personen in Unternehmen und die Steigerung der Erwerbsquoten im höheren Erwerbsalter weiterhin wichtig. Seit dem Jahr 2004 ist die Erwerbsbeteiligung älterer Personen bereits signifikant gestiegen (OECD 2015). Insbesondere der Anteil Erwerbstätiger in der Altersgruppe von 60 bis 64 Jahren hat in Deutschland – auch im internationalen Vergleich – stark zugenommen und lag laut OECD im Jahr 2014 bei etwa 53 Prozent. Wenn der Anteil älterer Beschäftigter in der Erwerbsbevölkerung zunimmt, dürfte auch die Bedeutung einer aktiven Unterstützung zunehmen, um nachlassende Fähigkeiten ausgleichen oder ihrem vorzeitigen Verlust vorbeugen zu können (zusammenfassend: Apt und Bovenschulte 2016).

Ältere Arbeitnehmer verfügen oft über ein breites Erfahrungswissen und eine ausgeprägte Fähigkeit zum schlussfolgernden Denken, die auf der Verknüpfung von Wissen und Erfahrung basiert und sich im höheren Erwerbsalter eher noch verbessert (vgl. Kapitel 2.1.1). Auch verfügen Ältere oft über ein hohes Maß an sozialer Kompetenz. Untersuchungen haben demnach ergeben, dass die Leistungsfähigkeit Älterer erheblich höher ist, wenn ihre Arbeitsplätze altersgerecht ausgestattet sind, die Arbeitsanforderungen und Arbeitsinhalte ihre Stärken berücksichtigen und sie gemeinsam mit jüngeren Beschäftigten in altersgemischten Teams arbeiten (Göbel und Zwick 2010). Die Gestaltung von Arbeit und Tätigkeiten für ältere Beschäftigte sollte daher eher größere Handlungs- und Entscheidungsspielräume zulassen, damit die Qualifikationen und Erfahrungen zur Geltung kommen und vor allem unerwartete Störfälle oder Sondersituationen durch kompetentes und erfahrenes Arbeitshan-

---

[1] *Aufgrund unsicherer Annahmen über eine anhaltend hohe Nettozuwanderung und mögliche Auswirkungen auf die künftige Erwerbsbevölkerung wird hier bewusst auf die 12. koordinierte Bevölkerungsvorausberechnung verwiesen.*

deln bewältigt werden können. Gleichzeitig erfordert der zahlenmäßige Rückgang der erwerbsfähigen Bevölkerung einen „sozial erwünschten" Grad der Automatisierung, insbesondere physische Unterstützung für anspruchsvolle, wiederkehrende körperliche Tätigkeiten zum Ausgleich körperlich nachlassender Fähigkeiten oder zur Vorbeugung ihres vorzeitigen Verlustes. Aufgrund der daraus resultierenden Zunahme indirekter Arbeitsanteile steigt der Bedarf an tutoriellen, kognitionsunterstützenden Lösungen – etwa zur Erfassung, Aufbereitung und Verfügbarmachung von allen Formen von Wissen, das für den jeweiligen Arbeitsprozess relevant ist.

Digital unterstützende, individualisierte Tutorensysteme ermöglichen in Zukunft nicht nur eine schnellere Einarbeitung in neue Arbeitsabläufe, sie können auch zu einer stärkeren Inklusion und Partizipation an der Arbeitswelt beitragen. Ältere und leistungsgeminderte Beschäftigte können mit derartigen Systemen abgestimmt auf ihr jeweiliges Leistungsvermögen im Arbeitsprozess unterstützt und in die Lage versetzt werden, Arbeiten zu verrichten, die sie vorher gar nicht oder nur mit Schwierigkeiten übernehmen konnten. Gleichzeitig können die Systeme als informelle Weiterbildungswerkzeuge genutzt werden, was das Lernen im Arbeitsprozess zu einem festen Bestandteil der alltäglichen Tätigkeit einer breiten Mitarbeiterschicht werden lässt. Damit lässt sich die künftig notwendige Flexibilität und Fluidität hinsichtlich der individuellen Kompetenzprofile sehr viel effizienter erfüllen als mit den heute geläufigen formellen Weiterbildungsmaßnahmen.

Digitalisierung und demografischer Wandel im Gleichgewicht

Ohne Zweifel wird die Digitalisierung die Arbeitswelt tiefgreifend verändern. Die Gestaltung von Arbeit – und damit die Umsetzung des Werkzeug- bzw. Automatisierungsszenarios – wird dabei die Rolle des Menschen bestimmen. Es besteht die Möglichkeit, menschliche Fähigkeiten immer stärker durch Maschinen und Automaten zu ersetzen und damit eine höhere Wertschöpfung mit immer weniger Menschen zu erzielen (Automatisierungsszenario). Dieser „arbeitssparende" technologische Fortschritt würde den sich abzeichnenden Mangel an Fachkräften zumindest vordergründig lindern. Noch ist jedoch die Frage, welche Qualifikationen in welcher Qualität und Quantität tatsächlich gebraucht werden, weitgehend unbeantwortet. Und auch die Konsequenzen von wissensspeichernden Systemen für die Innovationsfähigkeit im Prozess der Arbeit wurden bislang nur wenig betrachtet: Werden derartige Systeme jemals kreative Leistungen erbringen können?

Eine wichtige Komponente sowohl für die Arbeitszufriedenheit als auch für die Innovationsfähigkeit ist die Aufgabenkomplexität. Diese Aufgabenkomplexität ist in Deutschland im europäischen Vergleich überdurchschnittlich ausgeprägt und damit ein wesentlicher „Erfolgsfaktor" der industriellen Wettbewerbsfähigkeit. Angesichts des gegenwärtigen Entwicklungsstandes technischer Assistenz- und Tutorensysteme in der Arbeitswelt ist zu erwarten, dass erst in zehn bis 15 Jahren ausgereifte Systeme weitgehend flächendeckend verfügbar sind und eingesetzt werden. Somit kann der Zeitraum bis etwa zum Jahr 2030 dazu genutzt werden, um – parallel zum Rückgang der Erwerbsbevölkerung und der wahrscheinlichen Integration von Zuwanderern in den Arbeitsmarkt – Systeme zur technischen Unterstützung zu entwickeln, die das Ziel einer befähigenden Digitalisierung im Sinne des Werkzeugszenarios anstelle einer substituierenden Automatisierung haben.

Es bedarf allerdings dennoch einer langfristigen wirtschaftlichen Abschätzung jedes einzelnen Unternehmens, welche betrieblichen Bereiche durch welche Mischformen der beiden Szenarien durchdrungen werden, um sowohl die Produktivität als auch die Innovationsfähigkeit zu steigern. Egal jedoch, wo neue digitale Technologien eingesetzt werden, steht die Beantwortung wichtiger Fragen an, die in der aktuellen Diskussion noch zu kurz kommen: So ist bislang sehr wenig über die ergonomischen und arbeitspsychologischen Konsequenzen bekannt, die die stetige Nutzung digitaler Technologien und Anwendungen virtueller Realitäten im Arbeitsalltag nach sich zieht. Ebenso wenig ist abschätzbar, wie die Mitarbeiter mit dem Zuwachs an Verantwortung umgehen, wenn sich der Technikeinsatz in Richtung Werkzeugszenario verschiebt. Insbesondere eine durchaus mögliche erhöhte psychische Stressbelastung bedarf genauerer Betrachtung.

Unabhängig von den noch offenen Fragen wird es mit dem hier aufgezeigten Entwicklungsparadigma prinzipiell möglich sein, die Aufgabenkomplexität zu erhalten, sodass im demografischen Wandel auch die Innovationsfähigkeit gesichert werden kann. Kommt es dann zu einem deutlichen Abflachen der demografischen Entwicklung, hat sich das „befähigende Paradigma" bereits fest als Teil der Arbeitsorganisation etabliert. Sowohl die Wirtschaftsstruktur Deutschlands als auch der demografische Wandel machen es also erforderlich, bei der Gestaltung der digitalen Arbeitswelt eine bewusste Entscheidung zugunsten des Menschen und seiner individuellen Fähigkeiten zu treffen.

Literatur

Apt W, Bovenschulte M (2016) Die Zukunft der Arbeit im demografischen Wandel. In: Wischmann S, Hartmann EA (Hrsg) Zukunft der Arbeit – Eine praxisnahe Betrachtung. Springer Berlin Heidelberg, Berlin/Heidelberg (Zur Veröffentlichung angenommen)

Apt W, Bovenschulte M, Hartmann EA, Wischmann S (2016) Foresight-Studie „Digitale Arbeitswelt". Forschungsbericht 463. Studie des Instituts für Innovation und Technik (iit). Bundesministerium für Arbeit und Soziales (BMAS). www.iit-berlin.de/de/publikationen/foresight-studie-digitale-arbeitswelt. Zugegriffen: 09.05.2016

Göbel C, Zwick T (2010) Which Personnel Measures are Effective in Increasing Productivity of Old Workers?. ZEW Discussion Paper, No. 10–069. Zentrum für Europäische Wirtschaftsforschung (ZEW). www.zew.de/de/publikationen/5936. Zugegriffen: 16.01.2016

Hausmann R, Hidalgo CA, Bustos S, Coscia M, Simoes A, Yildirim MA (2013) The Atlas of Economic Complexity – Mapping Paths to Prosperity. Harvard University Press, Boston

Hartmann EA (2015) Arbeitsgestaltung für Industrie 4.0: Alte Wahrheiten, neue Herausforderungen. In: Botthof A, Hartmann EA (Hrsg) Zukunft der Arbeit in Industrie 4.0. Springer Berlin Heidelberg, Berlin/Heidelberg, S 9–20

Hartmann EA, von Engelhardt S, Hering M, Wangler L, Birner N (2014) Der iit-Innovationsfähigkeitsindikator. Ein neuer Blick auf die Voraussetzungen von Innovationen. iit perspektive, Workingpaper Nr. 16. Institut für Innovation und Technik (iit). www.iit-berlin.de/de/publikationen/der-iit-innovationsfaehigkeitsindikator/at_download/download. Zugegriffen: 09.05.2016

Hirsch-Kreinsen H (2015) Entwicklungsperspektiven von Produktionsarbeit. In: Botthof A, Hartmann EA (Hrsg) Zukunft der Arbeit in Industrie 4.0. Springer Berlin Heidelberg, Berlin/Heidelberg, S 89–98

Organisation for Economic Co-operation and Development (OECD) (2015) Online OECD Employment database. Older workers scoreboard, 2004, 2007 and 2014, Australia, EU and OECD. www.oecd.org/els/emp/OW2014.xlsx. Zugegriffen: 14.01.2016

Statistisches Bundesamt (Destatis) (2009) Bevölkerung Deutschlands bis 2060 – 12. koordinierte Bevölkerungsvorausberechnung. Begleitheft zur Pressekonferenz des Statistischen Bundesamtes am 18. November 2009. www.destatis.de/DE/Publikationen/Thematisch/Bevoelkerung/VorausberechnungBevoelkerung/BevoelkerungDeutschland-2060Presse5124204099004.pdf?__blob=publicationFile. Zugegriffen: 09.05.2016

Statistisches Bundesamt (Destatis) (2015) Bevölkerung Deutschlands bis 2060 – 13. koordinierte Bevölkerungsvorausberechnung. Begleitheft zur Pressekonferenz des Statistischen Bundesamtes am 28. April 2015. www.destatis.de/DE/Publikationen/Thematisch/Bevoelkerung/VorausberechnungBevoelkerung/BevoelkerungDeutschland-2060Presse5124204159004.pdf?__blob=publicationFile. Zugegriffen: 09.05.2016

Open Access Dieses Kapitel wird unter der Creative Commons Namensnennung 4.0 International Lizenz (http://creativecommons.org/licenses/by/4.0/deed.de) veröffentlicht, welche die Nutzung, Vervielfältigung, Bearbeitung, Verbreitung und Wiedergabe in jeglichem Medium und Format erlaubt, sofern Sie den/die ursprünglichen Autor(en) und die Quelle ordnungsgemäß nennen, einen Link zur Creative Commons Lizenz beifügen und angeben, ob Änderungen vorgenommen wurden.

Die in diesem Kapitel enthaltenen Bilder und sonstiges Drittmaterial unterliegen ebenfalls der genannten Creative Commons Lizenz, sofern sich aus der Abbildungslegende nichts anderes ergibt. Sofern das betreffende Material nicht unter der genannten Creative Commons Lizenz steht und die betreffende Handlung nicht nach gesetzlichen Vorschriften erlaubt ist, ist für die oben aufgeführten Weiterverwendungen des Materials die Einwilligung des jeweiligen Rechteinhabers einzuholen.

Kapitel 3

LEBENSWELTEN UND WIRT-SCHAFTSRÄUME

Urbane Infrastrukturen

—

Soziale und technische Innovationen in der Gesundheit

—

Neue Wege der Wertschöpfung und Kooperation

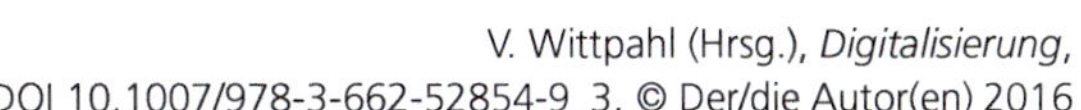

V. Wittpahl (Hrsg.), *Digitalisierung*,
DOI 10.1007/978-3-662-52854-9_3, © Der/die Autor(en) 2016

Durch die digitale Transformation der Industrie könnte Europa bis 2025 einen Zuwachs von **1,25 Billionen Euro** *an industrieller Bruttowertschöpfung erzielen – oder einen Wertschöpfungsverlust von* **605 Milliarden Euro** *erleiden. Die Digitalisierung der Industrie eröffnet Deutschland bis 2025 ein zusätzliches kumuliertes Wertschöpfungspotenzial von* **425 Milliarden Euro**. *Bei* **1,7 Millionen** *Operationen mit Hilfe von Chirurgie-Robotern wurden* **1.440 Menschen** *verletzt; in* **60 Prozent** *der Fälle war dies auf eine Fehlfunktion der Maschinen zurückzuführen. Die USA gaben 2013 rund* **39,7 Milliarden Euro** *(52,6 Milliarden US-Dollar) für ihre Nachrichtendienste aus. Die Innovationsausgaben der IKT-Branche in Deutschland lagen 2013 bei* **15,1 Milliarden Euro**. **46 Prozent** *deutscher Unternehmen beauftragen externe IT-Dienstleister. 2015 hatte Deutschland* **30,7 Millionen** *Breitbandanschlüsse.*

URBANE INFRASTRUKTUREN

Europäische Mittelstädte im digitalen Wettbewerb

Sandra Rohner, Uwe Seidel

—

Herausforderungen der Kommunen und Chancen der Digitalisierung

Oliver Buhl, Angelika Frederking

—

Die Digitalisierung der Energiewende – vom Smart Grid zur intelligenten Energieversorgung

Kirsten Neumann, Rainer Moorfeld, Kerstin Reulke

3.1.1 Europäische Mittelstädte im digitalen Wettbewerb

Sandra Rohner, Uwe Seidel

Eine Vielzahl kleiner und mittlerer Städte strebt Transformationsprozesse unter Einsatz zunehmender Digitalisierung an, um anstehende Aufgaben und Wettbewerbsherausforderungen effizienter, ressourcenschonender und kostengünstiger zu meistern. Im Gegensatz zu den prosperierenden Regionen in Indien und China verändern sich insbesondere Mittelstädte in Europa eher stetig, aber mit einer doch deutlich wahrnehmbaren Veränderungsdynamik. Diese Anpassungsprozesse urbaner Angebote und neuer Serviceleistungen leben vom Erfahrungsaustausch mit vergleichbaren Städten. Bei allen technischen Möglichkeiten stehen immer die Bürger im Fokus von Stadtinnovationen – sie müssen beteiligt und begeistert werden, um den urbanen Wettbewerb für Mittelstädte erfolgreich zu gestalten. Wie dies gelingen kann, beschreibt der Beitrag.

Digitale Transformation als Chance

Im Wettbewerb um innovative Unternehmen und zufriedene Einwohner müssen Städte heute mehr bieten als günstiges Bauland und Basisinfrastruktur. Alterung der Bevölkerung, Verknappung von Ressourcen und auch die Digitalisierung aller Lebensbereiche machen an Stadtgrenzen nicht halt. Städte von heute sollten daher die Chancen der Digitalisierung nutzen, um die anstehenden Aufgaben effizienter, ressourcenschonender und kostengünstiger zu meistern. Die Frage der Digitalisierung und ihrer Auswirkungen ist also kein „ob", sondern vielmehr ein „wie" angesichts der Erkenntnis der unvermeidbaren Entwicklung mit gravierenden Auswirkungen auf alle Ebenen der Stadtgesellschaft. Im Zentrum der Digitalisierung stehen daher immer die Bürger. Sie entscheiden über den Erfolg neuer Dienste. Im engen Austausch zwischen Städten vergleichbarer Größe lassen sich aktuelle Herausforderungen meistern.

Digitale Vernetzung als Standortvorteil

Städte aller Größenordnungen in Europa sind nicht durch plötzliches, rasantes Wachstum geprägt. Im Gegensatz zu den prosperierenden Regionen in Indien und China verändern sich Städte in Europa eher stetig, aber mit einer doch deutlich wahrnehmbaren Transformationsdynamik.

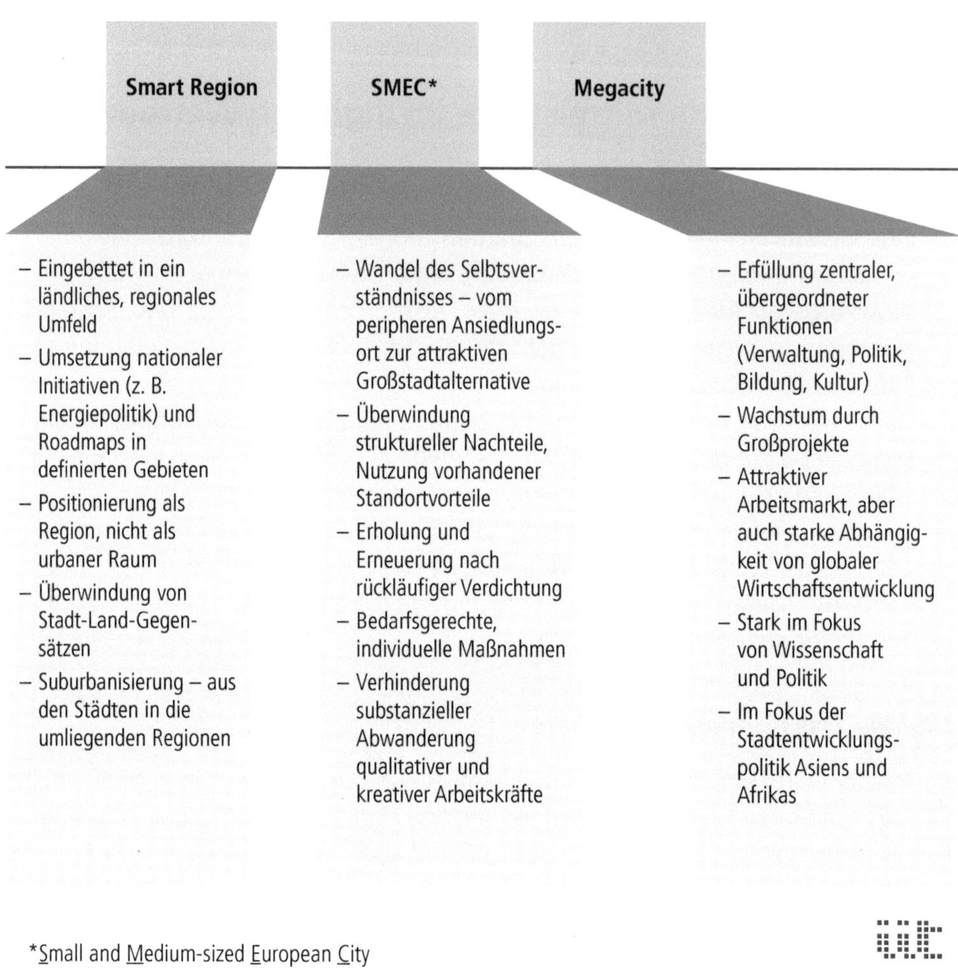

Abbildung 3.1.1.1: Gegenüberstellung von Smart Regions, SMEC und Megacities

Intelligente Städte und Regionen müssen sich in den kommenden Jahren verstärkt im Wettbewerb um die besten Kräfte, um Ressourcen und Unternehmensansiedlungen – Stichwort Standortqualität – behaupten. Großstädte und Metropolen sind kulturelle, wirtschaftliche und administrative Zentren einer Region oder gar eines Landes und bieten weit mehr Attraktivität als nur die notwendigen Infrastrukturleistungen. Klein- und Mittelstädte hingegen müssen sich den Restriktionen begrenzter räumlicher und finanzieller Ressourcen stellen und sich auf die notwendigen Leistungen zum Erhalt von Mindeststandards für ihre Bürger konzentrieren. Insbesondere Mittelstädte mit einer Einwohnerzahl zwischen 50.000 und 250.000 bleiben daher bei der Erarbeitung nationaler Innovations- und Digitalisierungsstrategien mit ihren spezifischen Standort- und Entwicklungsbedingungen zu oft unberücksichtigt. Dabei ist die grundsätzliche Bedeutung dieser Kommunen nicht zu unterschätzen. Sie können regionale Lösungen zur Erreichung von Umweltzielen umsetzen, sie sind attraktiv für Industrieansiedlungen, z. B. durch effiziente Logistiksysteme, sie können flexibel auf aktuelle Forschungsfragen reagieren und sie sind zumeist durch stabile Verwaltungsabläufe geprägt, die einen hohen Grad an Investitionssicherheit implizieren. Analogien zur Diskussion um den Mittelstand und die Bedeutung von kleinen und mittleren Unternehmen (KMU) für Innovationssysteme, wie sie in Europa seit vielen Jahren geführt wird, sind daher sinnvoll und werden unter dem Begriff der *SMEC* (Small and Medium-sized European Cities) zusammengeführt.

Um die vielfach beschriebenen Herausforderungen von Ballungsräumen zu meistern, bietet die Digitalisierung nicht nur für Unternehmen, sondern auch für Mittelstädte zahlreiche Lösungen. Diese neuen digitalisierten Systeme müssen jedoch miteinander kompatibel (Schnittstellenfähigkeit) und skalierbar (wachsende oder schrumpfende Mittelstädte) und zugleich natürlich bezahlbar sein. Eine „One-Size-Fits-All"-Lösung wird es daher nicht geben, dazu sind die Mittelstädte zu unterschiedlich.

Die Infrastruktursysteme in Mittelstädten werden komplexer. Verschiedene Infrastrukturen, die bislang getrennt gehandhabt werden konnten, müssen nun zusammen gedacht und zusammengebracht werden: eine umwelt- und ressourcenschonende Energieversorgung, eine integrierte Verkehrsplanung, die die Belange der mobilen ebenso wie der weniger mobilen Menschen berücksichtigt, eine für alle bezahlbare Gesundheitsversorgung, ein gerechtes Bildungswesen, eine saubere und effiziente Ver- und Entsorgung. Verbindendes Element ist eine leistungsfähige Informations- und Kommunikationsinfrastruktur. Diese verspricht eine schnellere, effizientere, zuverlässigere, flexiblere und günstigere Handhabung der alltäglichen Aufgaben einer Mittelstadt ebenso wie die Identifikation und Nutzung von Synergien. Was früher noch mühsam „von Hand" gemessen, geplant und überwacht werden musste, lässt sich heute komfortabel über (teil-)autonome Sensoren und Aktoren automatisch steuern.

Europäische Mittelstädte stehen im Wettbewerb zueinander und Smart Services bieten auch in Zeiten knapper Kassen Alleinstellungsoptionen. Damit stehen Mittelstädte jedoch vor neuen Herausforderungen: Wie gestalten sie die demokratische Governance der Daten und wo liegt der Mittelweg zwischen der sinnvollen Echtzeiterfassung von Zuständen und einer möglicherweise permanenten Überwachung der Bürger im öffentlichen Raum? Mittelstädte werden zunehmend durch ihre Bürger digitalisiert, Daten entstehen jederzeit und ununterbrochen an unzähligen Orten der Mittelstadt. Bürger sind jederzeit online und liefern ständig Informationen. Für Stadtverwaltungen sinnvolle Daten sind somit vorhanden, sie müssen jedoch intelligent zusammengeführt und nutzbar gemacht werden. Ein erfolgreiches Open-Data-Beispiel wird in der finnischen Stadt Helsinki unter dem Projektnamen „Helsinki Region Infoshare Service"[1] praktiziert.

Für Mittelstädte, die für Unternehmen und Einwohnerinnen und Einwohner gleichermaßen attraktiv sind, bietet Digitalisierung also die Chance, angepasste Mobilitäts- und Logistikkonzepte zu entwickeln, eine bevölkerungsgerechte Gebäude- und Verkehrswegeplanung zu betreiben und mittels geeigneter Informations- und Kommunikationsinfrastrukturen alle Bürger und Stadtakteure einzubinden.

Neben der technischen Umsetzung und möglichen rechtlichen oder sozialen Hemmnissen muss auch die Finanzierbarkeit und die Sicherheit der digitalen Lösungen bedacht werden. Längst entwickelte, marktreife Systeme sind oft auf Metropolen zugeschnitten und nicht passfähig für Mittelstädte. Deutlich zeigt sich dies auf den weltweit führenden Messen zum Thema Smart City, z. B. in Barcelona[2], wo Metropolen neben weltweit agierenden Unternehmen ihre Erfolge auf dem Weg zur Smart City präsentierten, konkrete und bezahlbare Angebote für kleine und mittlere Städte jedoch fehlten.

In den kommenden Jahren wird die Anbindung an ein digitales Hochgeschwindigkeitsnetz zur Ansiedlungsvoraussetzung, sowohl für Unternehmen als auch für Menschen. Breitbandinfrastrukturen sind in den meisten Mittelstädten vorhanden oder in Planung, jedoch für strukturschwache Mittelstädte allein oft schwer finanzierbar. Die Förderrichtlinie der Bundesregierung zum Breitbandausbau (BMVI 2015) richtet sich jedoch eher an ländliche Kommunen denn an Mittelstädte. Auch unterscheiden sich Lebensdauer und Aktualität digitaler Infrastrukturen von anderen durch die Mittelstädte bereitzustellenden Infrastrukturen wie Wasser- oder Energieversorgung. Hier sind andere Finanzierungskonzepte gefragt.

Strukturschwache Mittelstädte sehen sich in Europa oft ähnlichen Problemen gegenüber: Sie verändern sich langsam aber stetig, in einigen Fällen mit wachsenden Bevölkerungszahlen. In anderen Fällen muss die durch die Deindustrialisierung bedingte Arbeitslosigkeit gemeistert werden, die vor allem junge, gut Ausgebildete in prosperierende Regionen oder Großstädte abwandern lässt, wobei eine weniger leistungsstarke und ältere Bevölkerung zurückbleibt. Sinkende Einnahmen bei gleichbleibenden Ausgaben für Infrastrukturleistungen bringen viele Mittelstädte in eine schwierige Lage. Überdimensionierte Infrastrukturen können aufgrund hoher Kosten nicht rückgebaut werden. Gleichzeitig steigen die Instandhaltungskosten, wenn z. B. Wasserleitungen nicht voll ausgelastet sind. Entsprechend digital aufgerüstet bieten diese städtischen Infrastrukturen durch „digitale Zusatzoptionen" allerdings auch

---

[1]   *Helsinki Region Infoshare Service: www.hri.fi/en. Zugegriffen: 18.05.2016*
[2]   *Smart City Expo World Congress: www.smartcityexpo.com. Zugegriffen: 18.05.2016*

Transformationschancen. Als Beispiel seien Gaslaternen genannt, die durch moderne LED-Laternen ersetzt werden. Dies steigert die Sicherheit durch erhöhte Zuverlässigkeit. Gleichzeitig dienen diese neuen Laternen als Ladestationen für Elektrofahrzeuge. Eingebaute Sensoren können die Luftqualität messen und Kameras identifizieren und melden freie Parkplätze.

Die Architektur von Städten fokussiert nicht mehr ausschließlich baulich-physische Infrastrukturen, sondern zunehmend Datenmanagementstrukturen. Es besteht nunmehr die Möglichkeit, die „technische Infrastruktur" der Bürger zu nutzen und aktiv in Stadtlösungen einzubauen. Neben der Zahl an Möglichkeiten nehmen auch die Ansprüche der Bürger an ihre Stadt zu – und nicht nur die der „digital immigrants" und „digital natives". Sie erleben in ihrem Beruf und durch die alltägliche Mediennutzung fast täglich neue Angebote und digitale Services, sie verstehen sich als Stadtnutzerinnen und -nutzer und erwarten ähnliche Serviceleistungen, wie sie es auch von Firmen tun. Immer wichtiger wird auch die Sicherheit in Städten. Intelligente Stadtentwicklung braucht daher Leitlinien und konkrete Entwicklungsstrategien – mit spezifischer Schwerpunktsetzung und Personen mit Umsetzungsverantwortung.

Neben schnelleren Serviceleistungen verspricht die Digitalisierung auch einfachere (vermeintlich?) demokratische Willensbildungs-, Beteiligungs- und Entscheidungsprozesse durch schneller verfügbare Informationen. Einen Rahmen hierfür bildet das am 18. April 2013 vom Bundestag beschlossene eGovernment-Gesetz (siehe BMI 2013). Mittelstädte müssen sich heutzutage auch digital auf den neuesten Stand der Technik bringen: Sensible politische Prozesse müssen gegen Hackerangriffe geschützt und Datenschutzkriterien beachtet werden. Wem die erhobenen Daten gehören und wer sie unter welchen Bedingungen nutzen darf, kann nicht allein nach wirtschaftlichen Gesichtspunkten entschieden werden. Stadtverwaltungen müssen zu digitalen Dienstleistern werden, mit einzigartigen Serviceangeboten, ohne sich in eine Abhängigkeit von Großkonzernen zu begeben. Viele Mittelstädte folgen dem Trend zur digitalen Stadt und stehen einem großen Angebot an Komplettlösungen gegenüber. Diese Angebote von Firmen kompetent abwägen zu können, stellt viele Städte jedoch vor große Herausforderungen. Der Fokus der Smart-City-Diskussion und der angebotenen Lösungen liegt zurzeit noch sehr auf den großen Städten und den Metropolen. Die Mittelstädte, in denen in Europa jedoch die meisten Menschen leben, sind in der Debatte noch unterrepräsentiert. Daher lohnt der Erfahrungsaustausch zwischen den Stadtstrategen dieser Städte im Besonderen.

Digitale Stadtinnovationen

„Mittelstädte sind nach wie vor mit großen Herausforderungen, wie der geringen Funktionsbreite, zum Teil peripheren Lagen außerhalb dynamischer Metropolregionen, der Verfestigung regionaler Disparitäten in nahezu allen europäischen Staaten

sowie der Abwanderung höher qualifizierter Bevölkerungsgruppen konfrontiert."
(BMVBS 2013, S 7) Die Ergebnisse der Studie „Wieder erstarkte Städte" weisen
anhand von Erfahrungsberichten aus europäischen Groß- und Mittelstädten insbesondere auf die chancenreichen Regenerierungsoptionen von Städten hin. Beschrieben werden vor allem die Chancen, die sich ergeben, wenn Mittelstädte sich ein
hohes Maß an Wandlungsfähigkeit erhalten oder diese durch gezielte Maßnahmen
erreichen (ebd.). Die Umsetzung erfolgreicher Transformationsprozesse bedingt die
Einstellung der Stadtplanungsverantwortlichen auf mittel- bis langfristige Verände-
rungswellen des tradierten Wertesystems. Hier besteht erheblicher Handlungsbedarf,
nicht nur in der Weiterentwicklung von Metropolen. Gerade die vorhandene Basis
der meisten Mittelstädte Deutschlands und weiten Teilen Europas ist von hoher infra-
struktureller Qualität. Jedoch können diese guten Ausgangspositionen dauerhaft
nicht ohne einen Bewusstseinswandel und die Umsetzung notwendiger Anpassungs-
strategien erhalten werden. Es gilt für die Stadtverantwortlichen, sich Transformati-
onskompetenzen anzueignen, von guten, vergleichbaren Beispielen zu lernen, vorhandene technische Lösungen und Serviceoptionen auf die stadteigenen Belange
anzupassen, um die Attraktivität zu erhalten und auszubauen. Nur so lässt sich der
Wettlauf der Stadtrivalen siegreich gestalten. Zielstellungen und Umsetzungsstrate-
gien von Mittelstädten müssen spezifisch auf die Herausforderungen und realistisch
erreichbar formuliert werden. Nicht Best-Practice-, sondern Practicable-Best-Lösun-
gen sind gefordert. Nur wenn die Umsetzbarkeit neuer Ansätze gewährleistet ist,
lässt sich eine Neuausrichtung von Mittelstädten erreichen.

Für die bestmögliche und wirklich praktikable Gestaltung von Umwandlungsprozes-
sen sind alle Ebenen der Stadtgesellschaft gefordert, nicht nur Verwaltung und Wirtschaft, sondern zunehmend auch Vertreter von Interessengruppen, nicht zuletzt
auch die einzelnen Bürger. Die Optionen des Einsatzes bürgernaher Prozessinnovationen zur digitalen Transformation von Mittelstädten sind auch dem Beitrag „Herausforderungen und Chancen der Digitalisierung" in diesem Jahresbericht zu entneh-
men (vgl. 3.1.2).

Neben der Organisation der internen Kernfunktionalitäten sehen europäische Klein-
und Mittelstädte zunehmend den Wettbewerb mit Kommunen vergleichbarer Größe
und Rahmenbedingungen als zentrale Herausforderung. Immer deutlicher wird der
Verlust ehemaliger Alleinstellungsmerkmale wie „zentraler Handelsplatz" oder „poli-
tisches Zentrum" einer Region. Fortschreitende Zentralisierung von gesellschaftlichen
und politischen Entscheidungsprozessen sowie neue Einkaufs- und Logistikoptionen
zwingen die Mittelstädte in Strategieprozesse zur Sicherung von Zukunftsfähigkeit
und Prosperität, letztendlich zum Nachweis ihrer Existenzberechtigung. Zur Herausforderung wird die Ausgestaltung echter und künftiger Alleinstellungsmerkmale,
auch als Ergänzung zu erkannten Stärken und Schwächen anderer Mittelstädte. Analysen und Schlussfolgerungen daraus können nicht durch Abschottung erreicht wer-

den, sondern gelingen nur durch eine Kultur der Zusammenarbeit und Vernetzung. Mittelstädte sind ohnehin eingebunden in überregional geltende Rechtsrahmen. Ihre Akteure agieren zwar lokal, sind aber Teile von übergeordneten Lebens-, Arbeits- und Geschäftsbeziehungen. Die zunehmende Digitalisierung unterstützt die Stadtverantwortlichen in der Ausgestaltung interner Prozessinnovationen, eröffnet aber explizit auch Chancen als Treiber einer überregionalen Vernetzung und übergreifender Geschäftsoptionen. Die Neuausrichtung von Stadtentwicklungspolitik erfordert einen Blick über den Tellerrand, das Lernen und Partizipieren von vorhandenen Lösungen. Neue Partnerschaften können die Überwindung von Strukturproblemen forcieren. Auch Vernetzung muss geplant und vorbereitet werden. Eine erfolgreiche Umsetzung orientiert sich an den konkreten Bedarfen der einzelnen Mittelstädte.

Digitale Zukunft

Mittelstädte werden auch in den nächsten Dekaden einen wichtigen Beitrag zum Erhalt der Lebensqualität und der Innovationskraft Europas leisten. Ihre Bedeutung wird durch intelligente Transformationsstrategien steigen. Für viele Bürger bieten sie eine Alternative zu hektischen und überfüllten Metropolen. Viel wird davon abhängen, ob Mittelstädte die Chancen der zunehmenden Digitalisierung in allen Lebensbereichen für ihre Weiterentwicklung nutzen können. Ihrer Relevanz bewusst, werden sich die Strategen der Mittelstädte dem urbanen Wettbewerb positiv stellen und zunehmend voneinander lernen und sich miteinander vernetzen. Die Zukunftsfähigkeit und -sicherung europäischer Mittelstädte basiert zunehmend auf internationaler und interregionaler Wettbewerbsfähigkeit – in ökonomischer und sozialer Dimension. Durch konsequente Vergleichsanalysen werden individuelle Herausforderungen adressiert und anwendbare, nachhaltige Mittelstadtkonzepte adaptiert. Die digitale Transformation wird begünstigt durch die Nutzung offener, interoperabler Kommunikationsplattformen – innerhalb der Städte und im intelligenten Austausch mit internationalen Erfahrungsträgern.

Literatur

Bundesministerium für Verkehr und digitale Infrastruktur (BMVI) (2015) Richtlinie „Förderung zur Unterstützung des Breitbandausbaus in der Bundesrepublik Deutschland". Bekanntmachung des Bundesministeriums für Verkehr und digitale Infrastruktur. www.bmvi.de/SharedDocs/DE/Anlage/Digitales/foerderrichtlinie-breitbandausbau.pdf?__blob=publicationFile. Zugegriffen: 21.04.2016

Bundesministerium für Verkehr, Bau und Stadtentwicklung (BMVBS) (2013) Wieder erstarkte Städte. Strategien, Rahmenbedingungen und Ansätze der Regenerierung in europäischen Groß- und Mittelstädten. Werkstatt: Praxis, Heft 82. www.deutsche-digitale-bibliothek.de/binary/QRUAXPW5LPFMVURZ4N3BVVJMXUUAA2IA/full/1.pdf. Zugegriffen: 09.05.2016

Bundesministerium des Innern (BMI) (2013) Gesetz zur Förderung der elektronischen
    Verwaltung sowie zur Änderung weiterer Vorschriften. Bundesgesetzblatt Jahrgang 2013
    Teil I Nr. 43, ausgegeben zu Bonn am 31. Juli 2013 (2749). www.bmi.bund.de/Shared-
    Docs/Downloads/DE/Themen/OED_Verwaltung/Informationsgesellschaft/egovg_verkuen-
    dung.pdf?__blob=publicationFile. Zugegriffen: 18.05.2016

3.1.2 Herausforderungen der Kommunen und Chancen der Digitalisierung

Oliver Buhl, Angelika Frederking

Das Jonglieren zwischen Pflichtaufgaben, freiwilligen Leistungen und knappen Budgets stellt die Kommunen in Zeiten des demografischen Wandels vor ganz vielfältige Herausforderungen. Bei technischen und sozialen Infrastrukturen kommen dabei zunehmend digitale Technologien zum Einsatz. Im Beitrag werden praktische Beispiele dargestellt und ein Ausblick gegeben, wo angesetzt werden muss, um die Digitalisierung in den Kommunen voranzubringen.

In Zeiten des demografischen Wandels stehen Kommunen in Deutschland mehr denn je im Wettbewerb um Einwohner. Die abnehmenden Zahlen der Gesamtbevölkerung führen zudem zu teils radikalen Verwaltungsreformen, durch die ganze Landkreise und Ämter zusammengelegt werden[1]. Die Personaldecke des öffentlichen Dienstes wird deutlich dünner[2]. Gleichzeitig wachsen die Aufgaben, die auf der kommunalen Ebene vor Ort angesiedelt werden. Das Jonglieren zwischen Pflichtaufgaben, freiwilligen Leistungen und knappen Budgets stellt die Kommunen damit vor ganz vielfältige Herausforderungen. Technische Infrastrukturen, wie der öffentliche Verkehr, die Energieversorgung, Müllentsorgung oder Abwasseraufbereitung, zeichnen sich zunehmend durch digitale Steuerungssysteme mit dazugehörenden Datenverarbeitungen in Echtzeit aus. Kommunen stellen sich mit diesen Systemen – derzeit noch pilothaft – neu auf, um je nach Bedarf z. B. auf schrumpfende oder wachsende Bevölkerungen, neue Umweltschutzziele, Ressourcenschonung oder Verbrauchsspitzen reagieren zu können oder beispielsweise situativ notwendige Verkehrslenkungen einzusetzen. Diese innovativen Kommunikationssysteme kommen zunehmend auch bei den sozialen Infrastrukturen wie Fürsorge-Dienstleistungen (digitale Pflege via Telemedizin, Organisation des Ehrenamtes), Rettungsdiensten oder der Polizei zum Einsatz. Durch die Möglichkeiten moderner Informations- und Kommunikationstechnologien (IKT) können die bestehenden Systeme intelligenter und vernetzter

---

[1] *In Thüringen ist zum Beispiel die Reduzierung der Landkreise von derzeit 17 auf acht im Gespräch, 60 Landesbehörden sollen zu 24 zusammengelegt werden; in Sachsen wurden bereits im Jahr 2008 die Landkreise von 22 auf zehn reduziert.*

[2] *In Thüringen hat sich zum Beispiel die Personalstärke im kommunalen Bereich zwischen 2000 und 2012 um 28,2 Prozent verringert.*

werden und zu leistende Services bürgerfreundlicher angeboten – und somit zum Standortvorteil werden. Die folgenden praktischen Beispiele geben einen Einblick in bereits praktizierte Einsatzfelder bei freiwilligen und Pflichtaufgaben auf kommunaler Ebene. Abschließend wird ein Ausblick gegeben, wo angesetzt werden muss, um die Digitalisierung in den Kommunen voranzubringen.

Neue Konzepte für die Organisation des Ehrenamtes – Zeitguthabendatenbanken

Zeitguthabendatenbanken oder Zeitvorsorge sind Modelle, über die sich Bürger für andere engagieren[3]. Die kommunale Pflichtaufgabe der Fürsorge für die älteren Bürger wird mit dem Potenzial des regionalen ehrenamtlichen Engagements verbunden. Über eine digitale Datenbank werden die geleisteten oder in Anspruch genommenen Stunden auf Zeitkonten gebucht. So können Zeitguthaben angespart werden. Mit diesem Stundenguthaben kann sich wiederum bei Bedarf von anderen geholfen werden lassen. Für unbezahlte Hilfen, z. B. die Unterstützung beim Einkaufen, Vorlesen, die Begleitung beim Spaziergang, Hilfestellungen beim Schriftverkehr, bei Behördengängen oder Reparaturen, werden geleistete Stunden des Helfenden auf einem Zeitkonto angespart und die Leistungen überhaupt erst vermittelt. Es gibt Modelle, in denen vorrangig der wechselseitige Bedarf nach sozialen Kontakten seitens „fitter" Älterer und Hilfebedürftiger befördert werden soll (Zielgruppe 60+), sodass erst in Jahren oder Jahrzehnten angesparte Stunden in Form von Hilfeleistungen anderer engagierter Bürger rückvergütet werden. Ziel ist es hier, dass die Mitglieder dieser Zeitvorsorge-Modelle so lange wie möglich selbstständig leben und in ihrer vertrauten Umgebung eine hohe Lebensqualität genießen können.

Ausgangspunkt für ein Schweizer Zeitbank-Modell ist die Hoffnung seitens der Finanzbehörde, dass weniger Heimmonate anfallen könnten[4]. Altersoffene Ansätze der Zeitguthaben, in denen gerade angestrebt wird, die Stunden nicht langfristig für einen konkreten Hilfebedarf anzusparen, möchten bereits frühzeitig ein gegenseitiges Geben und Nehmen einüben und das soziale Miteinander und Füreinander im Lebensumfeld fördern. Grundlage bei allen Modellen ist eine Datenbank, die ein Matching passender Partner möglich macht. Organisationsformen sind meist Vereine oder Stiftungen[5]. Es erfolgt ein passwortgeschützter Zugriff auf die Zeitkonten mit internetfähigen Geräten wie Smartphones, Tablets oder PCs. Dabei wird oft nicht nur die

---

[3] *Beispiele: ZEITBANKplus (in Baden-Württemberg und Rheinland-Pfalz) oder Zeitvorsorgesystem (St. Gallen, Schweiz)*

[4] *Die Stadt St. Gallen hat mit der Einsparung von 60 Heimmonaten bei Erfolg kalkuliert.*

[5] *Startkapital St. Gallen: 150.000 Schweizer Franken (entspricht rund 135.000 Euro)*

gegenseitige Hilfe mit Stunden vergütet, sondern auch das Engagement, das in der Vereinsarbeit eingebracht wird. Immer mehr Kommunen in der Schweiz, in Österreich und Deutschland übernehmen dieses Prinzip[6]. Dabei signalisieren die kommunalen Amtsträger teilweise eine starke Verbindlichkeit, indem z. B. die Stadt St. Gallen Bürgschaften seitens der Kommunalverwaltung übernommen hat. Sollte also das Zeitbankmodell nicht erfolgreich sein, können die angesparten Stunden ausgezahlt oder durch Ersatzdienste in Anspruch genommen werden. Gleichzeitig werden Seniorenbesuchsdienste etablierter Anbieter in die Zeitdatenbank integriert, um Konkurrenzen zu vermeiden. Wie bei allen auf einen engen regionalen Fokus beschränkten Konzepten steht und fällt der Erfolg mit einer ausreichenden Masse an Mitwirkenden. Nur wenn es eine ausreichende Anzahl an Hilfebedürftigen und Hilfeanbietenden gibt – und das nicht nur kurzfristig – trägt sich das Konzept[7] und kann für die Kommune oder Region identitätsstiftend wirken, da auch das soziale Miteinander gestärkt wird. Durch die Zusammenführung des Systems bei oder unter Mitwirkung der Kommune besteht zudem die Möglichkeit, Einsichten in Bürgernetzwerke zu gewinnen, die sonst häufig unabhängig von der Verwaltung organisiert werden. Ebenso kann die Qualitätssicherung und Seriosität der Hilfsangebote durch den direkten persönlichen Kontakt mit den sich registrierenden Personen sichergestellt werden.

Kommunikation mit dem Bürger: E-Government und Open Government

Innovative Verwaltungen in der Regionalentwicklung (Bott 2013) werden verstärkt als wichtige Innovationsakteure erkannt. Dabei ist der kommunale öffentliche Dienst von Stellenstreichungen und umfangreichen Mittelkürzungen in hohem Maße betroffen. Mit weniger Personal und weniger Geld müssen bestehende und neu hinzukommende Aufgaben geleistet werden. Der Leistungs- und Erreichbarkeitsdruck auf den einzelnen Mitarbeiter steigt. Zudem soll den Bürgern, auch in dünn besiedelten Gebieten, ein attraktiver und nutzerfreundlicher Service geboten werden. Die Digitalisierung bietet hier das Potenzial, Prozesse effizienter zu organisieren, dadurch Mittel einzusparen und gleichzeitig attraktiver im Sinne der Kundenzufriedenheit für den Bürger zu werden.

Es kommen dabei vermehrt Internettechnologien zum Einsatz, um die Verwaltung im Sinne einer modernisierten Verwaltung systematisch zu öffnen. Dazu gehört u. a. die Offenlegung der Ausgaben und Mittelverwendungen der Behörden oder die Beteili-

---

[6] *Beispiele für beteiligte Kommunen am ZEITBANKplus-Modell in Deutschland: www.zeitbankplus.de/index.php?seite=Vereine. Zugegriffen: 18.05.2016*

[7] *Ein ähnliches Konzept der Komplementärwährung verfolgt zum Beispiel der Chiemgauer (Molitor 2014)*

gung der Bürger etwa durch Online-Konsultationen zu strittigen Bauprojekten. Zudem werden für mit Behördengängen oder Formularen verbundene Services zunehmend bürgerfreundliche elektronische Angebote offeriert (u. a. elektronische Steuererklärung, Bibliotheksservices, Dienstleistungen rund um den Pkw, z. B. Ummelden des Kraftfahrzeuges oder Reservierung des Wunschkennzeichens). Gerade auch die Bewohner dünn besiedelter ländlicher Räume mit einer stark alternden Bevölkerung können profitieren, indem für eine Amtshandlung nicht mehr zwingend ein persönlicher „Behördenbesuch" im nächsten Mittel- oder Oberzentrum notwendig wird, sondern die Kommunikation und Einreichung von Nachweisen eigenständig online bzw. mit dem Sachbearbeiter über das Internet erledigt werden können.

Die Möglichkeiten digitaler Ausweisdokumente, die über den neuen Personalausweis mit eID möglich sind, werden in Deutschland bislang nur zögerlich genutzt. Während in Schweden und in der Schweiz die Bequemlichkeit der Ausgangspunkt für die Nutzung von Online-Angeboten ist, stehen in Deutschland Datenschutz und Datensicherheit ganz oben auf der Agenda, gelten als Voraussetzung zur prinzipiellen Nutzung und sind damit auch in diesem Bereich wichtigste Anforderung an die Online-Angebote der Verwaltung (Initiative D21 e.V. und ipima 2014).

Die Transparenz und partizipativen Ansätze, die smarte Technologien möglich machen und auch zu einer neuen Wahrnehmung des Lebensumfeldes beitragen können (z. B.: Es wird sichtbar, wie sich Verkehrsströme aufgrund eines Staus verlagern und wo freie gebührenpflichtige Parkplätze zu finden sind oder es werden Ampelschaltungen an den Fahrradverkehr angepasst), schöpft beispielsweise London aus, indem die zeitgenauen Erfassungen zahlreicher Daten in einem „Data Store"[8] den interessierten Bürgern als „Open Data" zur Verfügung gestellt werden. Ein Abbild des Echtzeitzustandes der Nutzung der städtischen Infrastruktur wird somit in diesem „Smart City Cockpit" möglich. Ähnliche Ansätze verfolgt Helsinki, wo nachgefragte Services aus den in der Kommune zusammenlaufenden Daten generiert werden. Damit wird z. B. über Sensoren an Schneepflügen für den Bürger nachvollziehbar, wann die zugeschneite Tür geräumt wird (Braun 2016).

Neue Mobilitätskonzepte in Zeiten des demografischen Wandels

Viele der Daseinsvorsorgebereiche haben einen direkten oder indirekten Anknüpfungspunkt zum Themenkreis Verkehr und Mobilität. Für die Bewohner der Kommunen ist die Mobilität ein tragendes Element. Ihr kommt eine immer stärker werdende Bedeutung zu, gerade wenn sich die Strukturen in den anderen Teilen der Daseinsvorsorge aus der Fläche zurückziehen und an wenigen Orten konzentrieren. In vielen Regionen

---

[8]   *London Datastore: data.london.gov.uk. Zugegriffen: 18.05.2016*

muss der kostenintensive öffentliche Personennahverkehr aufgrund der zu geringen Auslastung reduziert werden. In wachsenden Städten bietet die Digitalisierung die Chance zur Effizienzsteigerung bestehender Transportsysteme und eröffnet zugleich die Möglichkeit der wirtschaftlichen Tragfähigkeit alternativer Transportlösungen.

Die Schließung von Arztpraxen oder Nahversorgungseinrichtungen im ländlichen Raum sowie das Zusammenlegen von Schulen sind wiederum nur einige Beispiele, wodurch die Weglängen bis zur nächsten Einrichtung größer werden. Hier können Mitfahrwünsche von A nach B per Datenplattform an private oder kommunale Fahrer vermittelt werden. Eine mögliche Lösung mittels App zur Verbindung von privaten Fahrten mit zusätzlichen Transporten wird zum Beispiel in der Gemeinde Betzdorf (Rheinland-Pfalz) im Rahmen des Forschungsprojekts „Digitale Dörfer"[9] getestet. Es werden alternative Bedienformen in den ggf. zurückgefahrenen Linienverkehr und vorhandene flexible Bedienformen integriert, z. B. durch die Einbeziehung privater Pkw[10] oder Bürgerbusse[11] in den ÖPNV.

Diese Ansätze gehen über die schon bekannten und seit längerem etablierten Formen der flexiblen Bedienform mit Rufbussen und Anrufsammeltaxis hinaus. Eine dieser Alternativen wird im Werra-Meißner-Kreis (Hessen) unter dem Namen „Mobilfalt" erprobt. Die Koordination liegt in einer „Zentrale", die die Fahrten organisiert und finanziell unterstützt. Die regelmäßigen Fahrten werden im Fahrplan eingegliedert. Da der Verkehrsverbund eine Beförderungsgarantie anbietet, werden die Fahrten auf den vorgesehenen Strecken ggf. mit dem Taxi, dem Mietwagen oder dem Bürgerbus durchgeführt. Durch die Verbreitung von mobilen internetfähigen Endgeräten ist in der Folge auch die Einbeziehung spontaner Fahrtwünsche und Mitnahmeangebote möglich. Im Projekt „Reallabor Schorndorf" wird von der Stadt Schorndorf und weiteren Partnern ein bedarfsorientiertes, digital gestütztes Buskonzept entwickelt und erprobt (Urban 2.0 2016).

Die Informations- und Kommunikationstechnologien eröffnen den Kommunen die Möglichkeit, ihren Bewohnern im Bereich der Mobilität Partizipationslösungen mit geringem technischem Aufwand anzubieten. Das Angebot steht und fällt jedoch mit dem bürgerschaftlichen Engagement. Neben der physischen Präsenz und Ansprache zur Teilnahme und Teilhabe benötigen die Lösungen ebenfalls eine breite Sichtbarkeit

---

9 Projekt „Digitale Dörfer", durchgeführt vom Fraunhofer-Institut für Experimentelles Software Engineering IESE: www.digitale-doerfer.de. Zugegriffen: 18.05.2016

10 vgl. z. B. das Projekt Mobilfalt: www.mobilfalt.de. Zugegriffen: 18.05.2016

11 z. B. Good-Practice-Beispiele von Governance International: www.govint.org/good-practice/case-studies/citizens-bus-around-citizens-in-rural-brieselang. Zugegriffen: 14.03.2016

und Wahrnehmung im virtuellen Raum. Es bedarf der aktiven und nachhaltigen Kommunikation der Verantwortungsträger, um die Angebote zu verankern. Der leichte Zugang zur Teilnahme und die Überwindung von Barrieren und Berührungsängsten vor den neuen Technologien bei der Partizipation der neuen Angebote sind entscheidende und von der Kommune beeinflussbare Elemente.

Voraussetzung für die Digitalisierung von Kommunen

Digitale Technologien, die über reine Datenverarbeitung hinausgehen, bieten den Kommunen Möglichkeiten, Prozesse zu optimieren, effizienter und ressourcenschonender und zeitgemäß zu gestalten. Dies schließt die Organisation, Steuerung und Kontrolle von Infrastrukturen ebenso ein wie das Management von sozialen Dienstleistungen oder die Bürgerbeteiligung.

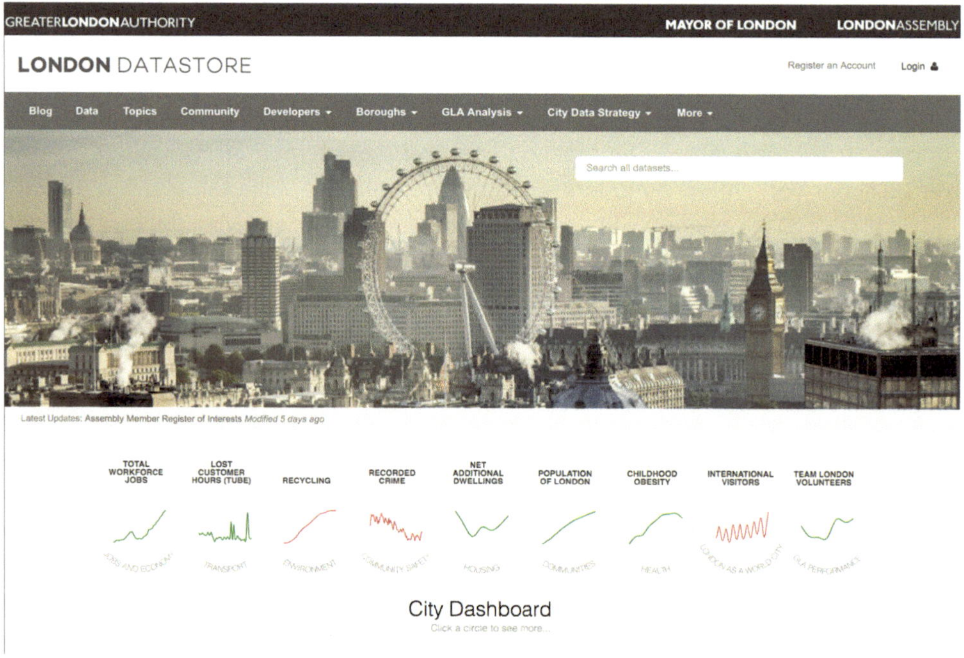

Abbildung 3.1.2.1: Der London Datastore – Open Data für Bürgerinnen und Bürger[1]

---

[1] London Datastore: data.london.gov.uk. Zugegriffen: 18.05.2016

- Die Kommunen müssen in die Lage versetzt werden, die bei den verschiedenen kommunalen Akteuren vorhandenen Daten zu nutzen. Schulungskonzepte sind dafür notwendig.

- Es bedarf eines Veränderungsmanagements für kommunale Mitarbeiter, um Akzeptanz, Kompetenz und Offenheit gegenüber neuen Technologien zu schaffen.

- Es gilt, die Digitalisierung nicht als Treiber, sondern als Chance für die kommunale Verwaltung zu sehen. Nutzenanalysen und ein Angebots- und Nachfrageabgleich sind hier vorzunehmen.

- Kommunale Planungsprozesse müssen als Orientierung für digitale Simulationsmodelle dienen. Nur so lässt sich ein bedarfsgerechtes Angebot an digitalen Softwarebausteinen für kommunale Verwaltungen entwickeln.

- Die Einbindung der bereits aktiven beteiligungswilligen Bürger ist wesentlich für zahlreiche der neuen Angebote. Weit verbreitete digitale Technologien können hier einen vertrauten Anknüpfungspunkt aus dem Alltag der Bürger bieten und sollten verstärkt genutzt werden.

- Workshops zur Digitalisierung für Kommunen sind heute noch immer von erfolgreichen Aktionsplänen einzelner Modellorte zur Umsetzung des Glasfaser- oder Breitbandausbaus dominiert. Der Breitbandausbau ist in Deutschland noch lange nicht erreicht und bleibt Grundvoraussetzung für viele innovative Lösungen, die über einen Modellversuch hinausgehen sollen.

Ausblick

Die Digitalisierung birgt für Kommunen Potenziale für bessere Dienstleistungen, Kostenersparnisse, eine stärkere Einbindung des Bürgers und insgesamt eine effizientere und transparentere Arbeitsweise. Davon können sowohl Pflichtaufgaben als auch freiwillige Leistungen profitieren, indem Synergien entstehen und somit zum Standortvorteil werden.

Der Einsatz digitaler Technologien ist nur möglich, wenn eine hochperformante Breitbandinfrastruktur besteht. Nur wenn diese Grundvoraussetzung erfüllt ist, können Versprechen und Potenziale der Digitalisierung eingelöst werden und so den Weg zur breiten Akzeptanz durch die Bevölkerung ebnen (vgl. Landmann und Heumann 2016). Gleichermaßen gilt es auch die Risiken der zunehmenden Digitalisierung herauszuarbeiten, die unberechtigte Zugriffe und Manipulationen durch Hackerangriffe, sinkende Datenschutzansprüche, den Verlust persönlicher Interaktion oder auch die zunehmende Abhängigkeit vom Funktionieren der Technik adressieren.

Literatur

Bott J (2013) Die Wirkung von Macht auf Innovationen in der öffentlichen Verwaltung. Kassel, University Press

Braun J (2016) Helsinki. Die transparente Stadt. brand eins, Ausgabe 01/2016 – Was Wirtschaft treibt. www.brandeins.de/archiv/2016/befreiung/helsinki-die-transparente-stadt. Zugegriffen: 21.04.2016

Initiative D21, Institute for Public Information Management (ipima) (2014) eGovernment MONITOR 2014. Nutzung von elektronischen Bürgerdiensten im internationalen Vergleich. www.initiatived21.de/wp-content/uploads/2014/09/eGovMon2014_web.pdf. Zugegriffen: 21.02.2016

Landmann J, Heumann S (Hrsg) (2016) Auf dem Weg zum Arbeitsmarkt 4.0. Mögliche Auswirkungen der Digitalisierung auf Arbeit und Beschäftigung in Deutschland bis 2030. Bertelsmann Stiftung, stiftung neue verantwortung. www.bertelsmann-stiftung.de/de/publikationen/publikation/did/auf-dem-weg-zum-arbeitsmarkt-40/. Zugegriffen: 21.04.2016

Molitor A (2014) Regionalwährung Chiemgauer. Vom Taler, der rostet, wenn er rastet. brand eins, Ausgabe 06/2014 – Schwerpunkt Geld. www.brandeins.de/archiv/2014/geld/vom-taler-der-rostet-wenn-er-rastet. Zugegriffen: 21.04.2016

Urban 2.0 (2016) Öffentlicher Personennahverkehr. Per App den Bus rufen. Urban 2.0, 02.02.2016. www.industr.com/Urban20-Magazin/de_DE/themen/Smart-Traffic-Mobility/per-app-den-bus-rufen-848506. Zugegriffen: 14.03.2016

3.1.3 Die Digitalisierung der Energiewende – vom Smart Grid zur intelligenten Energieversorgung

Kirsten Neumann, Rainer Moorfeld, Kerstin Reulke

Der im Rahmen der Energiewende stattfindende, langfristige Umbau der Energieinfrastruktur ist eine komplexe Herausforderung, die nicht nur die Art der Energieerzeugung, sondern auch die Art des Umgangs mit Energie insgesamt verändern wird. Dabei ist die Einführung eines Smart Grid auf der Verteilnetzebene erst der erste Schritt. Durch die Digitalisierung von Infrastrukturen und Prozessen findet eine Integration verschiedener Energiesysteme z. B. durch die Kopplung verschiedener Energiesektoren wie Wärme/Kälte, Strom und Mobilität zu einer intelligenten und systemübergreifenden Energieversorgung statt und eröffnet neue Möglichkeiten der Speicherung, Transformation und Nutzung von erneuerbar erzeugter Energie. Weiter bettet die Digitalisierung die intelligente Energieversorgung in ein Gesamtsystem ein und macht sie somit zu einem Teil der smarten Versorgung mit Dienstleistungen. Insgesamt wird eine höhere Flexibilisierung aller Versorgungsinfrastrukturen notwendig und möglich sein.

Die Energiewende ist eine komplexe Systeminnovation

Die Energiewende ist der Weg in eine sichere, umweltverträgliche und wirtschaftlich erfolgreiche Zukunft. Dafür hat sich die deutsche Bundesregierung ambitionierte Ziele gesetzt: So soll der Anteil erneuerbarer Energien am Bruttoendenergieverbrauch bis zum Jahr 2030 auf 30 Prozent und bis 2050 auf 60 Prozent ansteigen; 2014 lag er bei 13,5 Prozent. Der Anteil erneuerbaren Stroms am Bruttostromverbrauch soll bis 2030 auf mindestens 50 Prozent und bis 2050 auf mindestens 80 Prozent ansteigen. In der ersten Jahreshälfte 2015 wurden bereits mehr als 30 Prozent Strom aus erneuerbaren Quellen im Netz verzeichnet (BMWi 2015).

Zur Umsetzung der Energiewende besteht deshalb, basierend auf einer internationalen und einer nationalen Strategie, ein komplexes Regelwerk aus nationalen Gesetzen, ergänzt durch internationale Verordnungen und Richtlinien sowie flankiert von nationalen Verordnungen, deren jüngste Ergänzung der Entwurf eines Gesetzes zur Digitalisierung der Energiewende darstellt.

Insgesamt ist die Energiewende eine komplexe Herausforderung und ein langfristiger Umbau der gesamten Energieinfrastruktur, deren Meisterung auf einer Vielzahl kom-

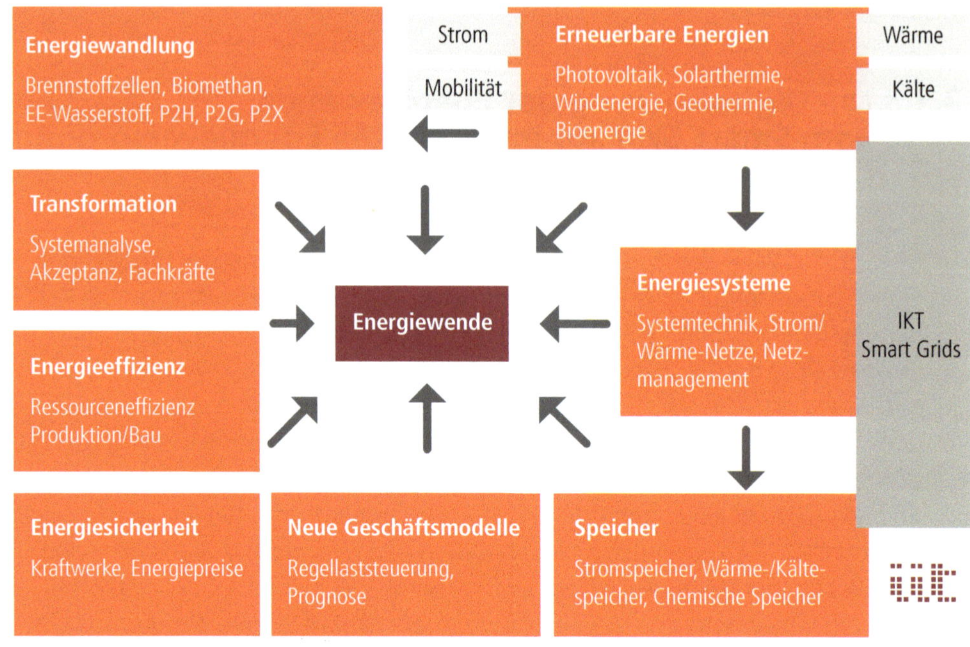

Abbildung 3.1.3.1: Komplexität der Energiewende

plexer Systeminnovationen in vielen unterschiedlichen technologischen und sozialen Bereichen beruht (vgl. Abbildung 3.1.3.1).

Die Digitalisierung der Energiewende ist dabei von zentraler Bedeutung für die Bewerkstelligung der Energiewende insgesamt. Ein Smart Grid – ein intelligentes Netz für die Stromübertragung also – stellt bei der Bewältigung der Herausforderungen der Energiewende einen ersten Schritt dar. Die Digitalisierung der Energiewende geht jedoch weit über ein Smart Grid hinaus: Durch die Digitalisierung von Infrastrukturen und Prozessen werden neue Innovationen und damit eine stärkere Integration der verschiedenen Energiesysteme zu einer intelligenten und systemübergreifenden Energieversorgung erst möglich. Die Digitalisierung der Energiewende ermöglicht zum Beispiel die Kopplung verschiedener Energiesektoren wie Wärme/Kälte (thermische Energienutzung), Strom und Mobilität und eröffnet dadurch neue Möglichkeiten der Speicherung, Transformation und Nutzung von erneuerbar erzeugter Energie insgesamt.

Smart Grid: der erste Schritt

Wie erwähnt, stellt die Umstellung der Stromnetze hin zu einem Smart Grid – also einem intelligenten Netz – einen wichtigen ersten Schritt in Richtung Digitalisierung der Energiewende dar. Das klassische Stromnetz, in das Großkraftwerke als klassische Stromerzeuger bislang einspeisen, besteht aus Energieübertragung und -verteilung auf die Hoch-, Mittel- und Niederspannungsebene bis hin zum Endverbraucher. In diese bestehende Infrastruktur wird immer mehr aus erneuerbaren Quellen erzeugter Strom aus immer mehr kleinen und mittleren Windkraft- und Photovoltaikanlagen auf der Mittelspannungs- oder der Niederspannungsebene ins Netz eingespeist.

Deshalb ist auch insbesondere die Verteilnetzebene von der zunehmenden Dezentralisierung und Volatilität eines zunehmenden Anteils an Strom aus erneuerbaren Energien betroffen. Da zwei Drittel des erneuerbaren Stroms aus geplanten Anlagen in das Verteilnetz integriert werden müssen, verlangt die zunehmende Volatilität eine intensivere Kommunikation von Systemeinheiten untereinander, um Erzeugung und Verbrauch besser aufeinander abstimmen zu können (Laskowski 2015). Eine zunehmende dezentrale Stromerzeugung verleiht der Aufgabe der Spannungshaltung im Verteilnetz gleichzeitig mehr und mehr Bedeutung. Mit der Konzentration von Erneuerbaren-Energien-Anlagen entsteht eine höhere Gleichzeitigkeit, die ebenfalls das Verteilnetz gesteigert belastet, z. B. wird im Norden mehr Windstrom und im Süden mehr Photovoltaikstrom produziert. So kann es bei starkem Wind oder bei hoher Sonneneinstrahlung zu regional konzentrierten, hohen Erzeugungsspitzen kommen, da der Strom nicht sofort verbraucht werden kann. Dadurch steigt insgesamt die Volatilität der Verteilnetze.

Hierdurch befindet sich das Stromnetz in Deutschland in einem dramatischen Änderungsprozess hin zu einem flexiblen Stromnetz, dem Smart Grid. Dieses Smart Grid ist die Kombination des energieverteilenden Stromnetzes mit einem leistungsstarken Kommunikationsnetz, das eine intelligente Vernetzung aller angeschlossenen Akteure ermöglicht. Ein solches Kommunikationsnetz existiert bereits im Höchst- und Hochspannungsbereich, um den Energiebedarf durch die Großkraftwerke sicherzustellen und die Last im Netz sicher zu verteilen. Durch den beschleunigten Netzausbau und den verstärkten Ausbau von Erdkabeln statt Freileitungen – bestimmt u. a. durch das Netzausbau-Beschleunigungsgesetz – wird ein Großteil der auszubauenden Kapazitäten im Verteilnetz jedoch noch konventionell ausgebaut. Die Millionen von neuen kleinen und mittleren Energieerzeugungsanlagen speisen ihre Energie aber auf der Mittel- und Niederspannungsebene ein.

Auf dieser Ebene muss das intelligente Stromnetz aufgebaut werden. Dieses kennt den aktuellen Zustand von Millionen Energieerzeugern und deren aktuelle Einspeisung, den Zustand der Übertragungsleitungen und Zwischenstationen und den Zustand angeschlossener Verbraucher und deren aktuellen Verbrauch.

Die Digitalisierung bietet Chancen für die Energiewende (Smart Energy)

Eine intelligente Energieversorgung bietet jedoch Chancen, die über ein intelligentes Stromnetz hinausgehen. Die Probleme beim Voranschreiten der Energiewende – wie eine zunehmende dezentrale Energieerzeugung[1] – oder die Notwendigkeit eines verbesserten Erzeugungs- und Lastenmanagements durch eine verbesserte Prognose von Erzeugung und Nachfrage können mit Hilfe der Digitalisierung nicht nur im Strombereich gelöst werden.

Der Zusammenschluss vieler, teilweise dezentraler kleiner und mittlerer Erneuerbare-Energien-Anlagen (zum Teil bis zu 3.000 Anlagen) aller Technologien zu virtuellen Kraftwerken, findet durch Unternehmen und Energieversorger bereits in größerem Umfang statt und ist dank der Digitalisierung möglich. Viele Unternehmen haben ihre eigene Steuerungssoftware entwickelt. Die Regelenergiesicherheit virtueller Kraftwerke wird immer wieder als sehr hoch eingeschätzt.[2]

Auch eine Erhöhung der Energieeffizienz durch systemische Optimierung von Bereitstellungs- und Nutzungstechnologien und eine Verknüpfung mit Energieeffizienztechnologien ist vielfach erst durch Digitalisierung möglich. Ebenso ist die Transformation des Stromnetzes hin zu einem Smart Grid ohne Digitalisierung nur schwer vorstellbar.

Die notwendige Erhöhung der Flexibilität, mit der sich auch Kapazitätszuwächse relativieren lassen, führt zu einer verstärkten Verknüpfung der Systeme Strom, Wärme und Mobilität. Die Einrichtung von Schnittstellen zwischen den Systemen (Cross-sektorale Kopplungen) kann durch die Digitalisierung vorangetrieben werden. Darüber hinaus profitieren die Regelbarkeit dezentraler Erzeugungs- und Speicherkapazitäten und die ebenfalls notwendige Umwandlung von Strom zu Wärme oder Strom zu Gas (P2H, P2G) enorm von der Digitalisierung. Eine zunehmende Dezentralisierung der Erzeugung wird durch die Digitalisierung ebenfalls stark begünstigt.

Ebenso bietet die Digitalisierung notwendige Ansatzpunkte für die Erhöhung der Energiesicherheit, die unter komplexen Rahmenbedingungen steht: Einerseits nehmen durch zunehmenden Einsatz regenerativer Technologien in der Erzeugung die Volatilität und die Fluktuation zu. Andererseits verringern sich durch die Abschaltung

---

[1] *Eine Energieerzeugung, in der Energiekonsumenten auch gleichzeitig Energieerzeuger (Prosumer) von hauptsächlich Strom, aber auch zunehmend thermischer Energie sind, und bei der der Zustand vieler Erzeugungsanlagen weitgehend unbekannt ist.*

[2] *Persönliche Interviews mit Firmen im Rahmen des Smart Grid Forums der Hannover Messe 2016*

der Atom- und der Kohlekraftwerke die traditionellen thermischen Kraftwerkskapazitäten. Diese noch laufenden thermischen Kraftwerke machen mit ihren großen Schwungrädern und durch ihre schiere Masse momentan eine kurzzeitige Speicherung thermischer und mechanischer Energie möglich, die sich stabilisierend auf die Netze auswirkt. Allerdings sind diese Kraftwerke sehr inflexibel und müssen laufen. Bei einer Abschaltung werden zwar Kapazitäten im Netz frei, aber die erwähnten Speicherungskapazitäten müssen – mithilfe der Digitalisierung – ersetzt werden. Mittlerweile lässt sich das System „Masse" durch die Kombination von Leistungselektronik und Chemie ersetzen – und die Masseträgheit lässt sich simulieren.[3]

Im gesamten System der intelligenten Energie- bzw. hauptsächlich Stromversorgung wird dadurch eine sehr hohe Komplexität erreicht. Es müssen unterschiedliche Systeme (Erzeugung, Verbrauch, Netz, Markt) und eine Vielzahl an Akteuren unter Nutzung großer Datenströme und leistungsfähiger IKT-Systeme koordiniert werden.

Die Digitalisierung der Energiewende (Smart Energy) birgt auch Risiken

Stellt die Vernetzung der Energieversorgungssysteme einerseits eine Stärke dar, beinhaltet diese andererseits auch Risiken.

Energiesicherheit = IT-Sicherheit:

Aus den technischen Randbedingungen ergeben sich hohe Anforderungen an die Verfügbarkeit, Zuverlässigkeit, Sicherheit und Reaktionszeit des Kommunikationsnetzes. Mit dem zunehmenden Ausbau einer intelligenten Energieversorgung explodiert die Zahl der Akteure und damit die Zahl möglicher Einfallstore für Hacker und kriminelle Angreifer. Daher kommt der IT-Sicherheit und dem Schutz der Privatsphäre bei der Umgestaltung der Energieinfrastruktur eine besondere Rolle zu. Potenzielle Bedrohungen reichen von Zählermanipulationen zur Erlangung finanzieller Vorteile über Angriffe auf Kontrollelemente der Netzbetreiber zur Störung des Betriebes bis hin zu großräumigen Abschaltungen des Stromnetzes oder dem methodischen Aufbau von Lastspitzen, die zu einem Kollaps im Stromnetz führen können. Eine Analyse zeigt, dass schon nach wenigen Tagen Stromausfall in einer deutschen Region die flächendeckende Versorgung mit lebenswichtigen Gütern und Dienstleistungen nicht mehr sicherzustellen ist (Petermann 2011).[4]

---

[3] *Ergebnis persönlicher Interviews mit Unternehmen im Rahmen eines Workshops „Innovationsmotor Energiewende" des Unternehmertages des Bundesverbands Erneuerbare Energien 2015 in Berlin, 14.01.2015*

[4] *Das Büro für Technikfolgen-Abschätzung beim Deutschen Bundestag weist bereits im Jahr 2011 auf diese Problematik hin.*

Privatsphäre:

Intelligente Zähler – Smart Meter – und andere intelligente Geräte ermöglichen es, in den Energieverbrauch steuernd und überwachend einzugreifen und auch Verbrauchsdaten direkt auszulesen. Das moderne Leben ist geprägt durch eine hochtechnisierte Lebensweise unter ständigem Verbrauch von Energie, sodass eine zeitaktuelle Information über den Energieverbrauch Rückschlüsse auf Lebensgewohnheiten zulässt. Die Nutzung und Verarbeitung persönlicher Daten birgt die Gefahr des Datenmissbrauchs und der unberechtigten Weitergabe von Daten, sodass sich Gefährdungen der Vertraulichkeit und der Privatheit ergeben können. Wie verwundbar beispielsweise intelligente Stromzähler sind, zeigten Experten, als es gelang, in Spanien in mehr als acht Millionen Haushalten eingesetzte intelligente Stromzähler zu hacken (Illera und Vidal 2014).

In Deutschland herrscht zudem eine große Skepsis darüber, was mit den erhobenen persönlichen Daten nach deren Erhebung geschieht. Norwegen verfügt beispielsweise über gesetzliche Richtlinien, die verhindern sollen, dass diese Daten von dem Energieversorger, der sie direkt benötigt, an Dritte weitergegeben werden. Dies hat die Etablierung von intelligenten Zählern in Norwegen stark begünstigt.[5]

Big Data – Datensparsamkeit:

Mit der Verfügbarkeit besserer Prognosewerkzeuge für Erzeugung und Verbrauch, durch zunehmende Vernetzung und „Echtzeit"-Erfassung von Zustandsveränderungen, der notwendigen Zunahme an Sensorik im Verteilnetz und der kleinteiligeren Messung von Verbrauch werden im Energieumfeld große Datenmengen erhoben und verarbeitet werden müssen. Dies ist aufgrund der zunehmenden Leistungsstärke von IT-Infrastrukturen technisch auch machbar. Neben Daten aus Erzeugungs- und Verbrauchsanlagen steigt auch das Volumen benötigter Markt- und Umweltdaten. Das „Sammeln" von Daten alleine stiftet keinen großen Nutzen – erst die Auswertung und Ableitung von (richtigen) Entscheidungen schafft den Mehrwert.

Die Herausforderung besteht also darin, diese Datenmengen auch auswerten zu können. Insbesondere für kleinere Energieversorger stellt die Frage nach den korrekten Fragen bereits die erste Hürde beim Auffinden der wirklich hilfreichen Antworten im anfallenden Datenstrom dar.[6]

---

[5] *Vortrag auf der Konferenz „ee100 Kongress", Kassel, 10.-11.11.2015*
[6] *Ergebnis von Gesprächen mit Energieversorgungsunternehmen im Rahmen eines Workshops „Wie die Digitalisierung die Energiewende revolutioniert" während des BEE Unternehmertags 2016 in Berlin, 24.02.2016*

Auch die Frage nach der Datensparsamkeit spielt eine Rolle

Oftmals ist nicht ersichtlich, welche Daten überhaupt erhoben werden müssen, weil nicht klar ist, wofür die Daten im Detail benötigt werden.[7] Trotzdem machen sich viele Energieversorger auf den Weg, ihren Kunden möglichst genau zugeschnittene Dienstleistungen anzubieten. Hierbei zählen sie vielfach auf die Unterstützung von Hochschulen und Start-ups.[8]

Auf dem Weg zu einer intelligenten Energieversorgung eingebettet in smarte Versorgungsinfrastrukturen:

Intelligente Netze sind der erste Schritt auf dem Weg zu einer smarten Energieversorgung. Eine intelligente Energieversorgung, die sich auf viele Säulen stützt, ist jedoch breiter und umfassender. Die Digitalisierung kann und muss die Energiewende als Ganzes steuern. Sie kann die einzelnen Energieverbrauchssektoren wie Wärme, Strom und Mobilität besser und intensiver miteinander verzahnen und die notwendigen saisonalen Speicher für Strom und Wärme integrieren. Sie kann die Verbrauchssektoren aber auch untereinander als Stromspeicher nutzbar machen; über den Einsatz von Elektromobilitätsflotten als mobile und flexible Speicher oder über die Kopplung von Großverbrauchern, wie Kühlhäuser oder Elektrodenheizkessel.

Aber die Digitalisierung kann noch mehr: Sie bettet die intelligente Energieversorgung in ein Gesamtsystem ein und macht sie somit zu einem Teil der smarten Versorgung mit Services. Hier bietet sich die Chance, sich in Bezug auf die Versorgungsinfrastruktur aus der versäulten Sichtweise der Bereitstellung einzelner Dienstleistungen der Ver- und Entsorgung, wie Strom, Wärme, Mobilität, Wasser, Abwasser, Müllentsorgung, pflegerische und Sicherheitsdienstleistungen, Versorgung mit Gütern etc. hin zu einer ganzheitlichen Sichtweise zu orientieren und die Energieversorgung als integralen Bestandteil aller Versorgungsdienstleistungen zu begreifen. Dadurch erweitert sich die zur Verfügung stehende Flexibilität, die zur Abfederung der Volatilität regenerativer Energieerzeugung genutzt werden kann, um ein Vielfaches. Auch die aufgrund genauerer Messungen und Prognosen eingesparte Energie, z. B. in der Produktion, zählt mit zur Flexibilisierung. Eine nutzerzentrierte Abstimmung aller Services untereinander wird durch die Digitalisierung ermöglicht. Die Digitalisierung der Energieversorgung eröffnet

---

[7] *In Gesprächen mit Verwaltungen und Stadtwerken im Rahmen eines Smart City Projekts (Masterplan Smart City Berlin), Workshop „Smarte Daseinsvorsorge und Öffentliche Sicherheit" in Berlin, 09.10.2014*

[8] *Gespräche mit Energieversorgungsunternehmen auf der Konferenz „ee100 Kongress", in Kassel, 10.–11.11.2015*

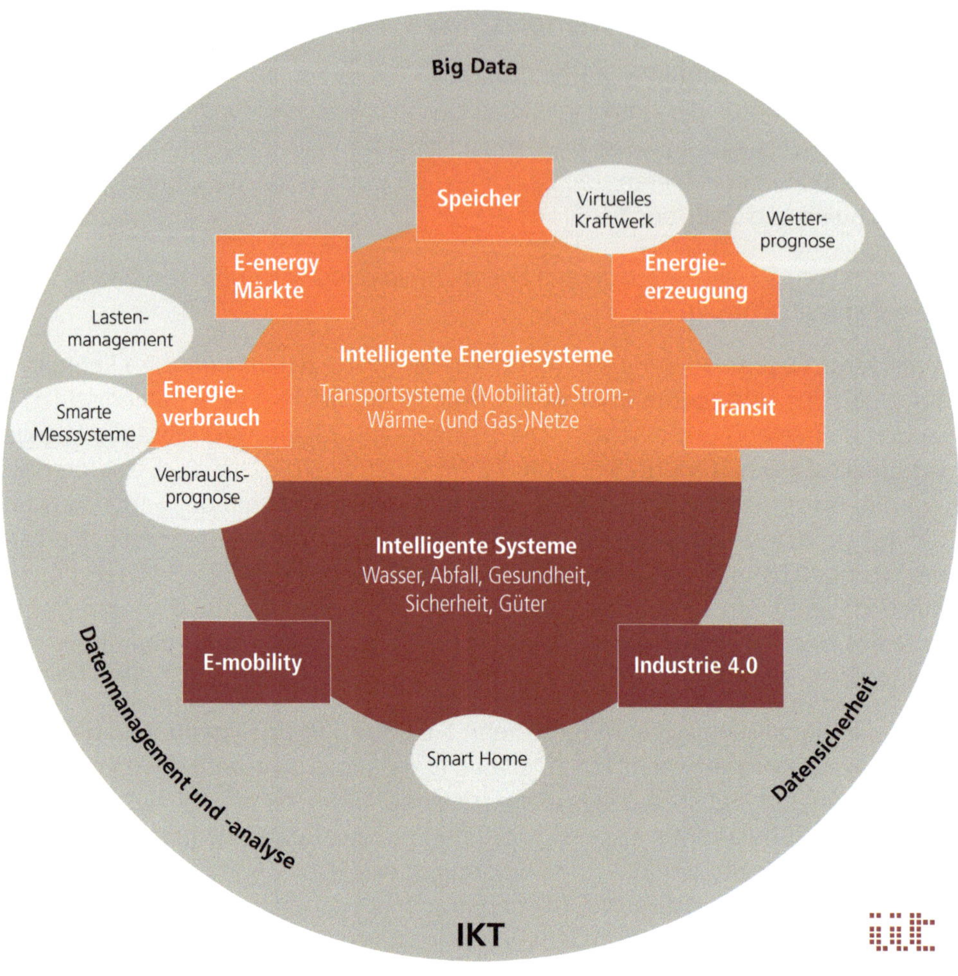

Abbildung 3.1.3.2: Eine intelligente Energieversorgung eingebettet in ein Gesamtsystem

auch für Entwicklungs- und Schwellenländer neue Perspektiven für eine flächendeckende Elektrifizierung von Gegenden, die nicht an das nationale Stromnetz angeschlossen sind, oder deren Stromversorgung trotz Anschluss nicht verlässlich ist (Kirchhoff et al. 2016).

Bislang gibt es zwei unterschiedliche Konzepte zur ländlichen Elektrifizierung, die beide auch ihre spezifischen Nachteile aufweisen. Die Elektrifizierung einzelner Haushalte fand bislang überwiegend mittels sogenannter Solar-Home-Systems statt. Das sind in sich geschlossene Systeme bestehend aus einem Photovoltaikpanel, einer Batterie und einem Wechselrichter. Deren Nutzung liefert Strom für die grundlegenden

Bedürfnisse wie Licht oder Mobiltelefonladestationen. Strom, der nicht gespeichert werden kann, geht aber verloren. Für die Elektrifizierung ganzer Dörfer mittels eines Kleinnetzverbunds wiederum ist die Finanzierung fast unmöglich, da sich die verhältnismäßig hohen Investitionskosten selten vollständig amortisieren. Die Digitalisierung ermöglicht hier neue flexible Lösungen, die über die Einführung neuer Geschäfts- und Bezahlmodelle, über dezentralisierte Erzeugung und Speicherung flexible und bedarfsorientierte Netzverbindungen, Erzeugungs- und Verbrauchsverbünde sowie neue Abrechnungsmodalitäten fördern, um eine schrittweise bottom-up-getriebene Dorfelektrifizierung voranzutreiben.

Insgesamt liefern neue Innovationen und die Digitalisierung von Prozessen nicht nur Lösungen für Herausforderungen, sondern ermöglichen auch neue Geschäftsmodelle. Durch die Digitalisierung der Energiewende könnten z. B. bestehende Wertschöpfungsketten aufgebrochen und neu definiert werden.

Mittel- und langfristig sind eine vorausschauende, ganzheitliche Sicht und eine entsprechende Planung auf dem Weg zu einer ganzheitlichen intelligenten Versorgung unumgänglich. Viele Geschäftsmodelle orientieren sich bereits heute an dieser Sichtweise und bieten beispielsweise gebündelte Verbrauchskapazitäten industrieller Großverbraucher als Regellast an.

Denkbar sind jedoch noch viele weitergehende Modelle, wie insbesondere eine erzeugungsgeführte Flexibilisierung industrieller Prozesse, die bereits heute ein gewisses Flexibilisierungspotenzial aufweisen, der gezielte Einsatz von gewerblich genutzten Elektroautoflotten als beweglicher Speicher, die Weiterentwicklung von Biogasanlagen zur Nutzung des entstehenden CO_2 und deren Zusammenschluss mit erneuerbaren Stromerzeugungsanlagen zur Erzeugung von Biomethan, die gezieltere Nutzung von – industrieller – Abwärme (oder aus Klärwerken) durch den Anschluss von Verbrauchern über Niedertemperaturnahwärmenetze, die stärkere Bündelung auch fragmentierter Verbrauchskapazitäten, die flexibel zu- und abgeschaltet werden können (z. B. über Ampelsysteme, die den entsprechend zu vergütenden Flexibilitätsgrad einzelner Verbräuche anzeigen), die detailliertere Prognose von Verbräuchen oder der Zusammenschluss einzelner Services in Nachbarschaften (z. B. zur Nutzung von Bädern als Wärmespeicher) etc.

Insgesamt wird eine höhere Flexibilisierung aller Versorgungsinfrastrukturen notwendig und möglich sein. Hierfür sind systemübergreifende Kooperationen und Regelungen erforderlich, beispielsweise neue Prinzipien der Netzplanung (Benz et al. 2015) und Netzentgeltstruktur, eine engere Kooperation von Forschung, Gründungsszene und Unternehmen[9], neue flexiblere Marktmodelle, die den zeitlich aufgebrochenen und an die Erzeugung angepassten Energieverbrauch entlohnen und weiterhin eine hohe Unterstützung für Innovationen aller Art und insbesondere der Innovationen, die auf Unternehmensebene entstehen und sich in neuen Geschäftsmodellen niederschlagen.

Literatur

Benz T, Dickert J, Erbert M, Erdmann N, Johae C, Katzenbach B, Glaunsinger B, Müller H, Schegner P, Schwarz J, Speh R, Stagge H, Zdrallek M (2015) VDE-Studie – der Zellulare Ansatz – Grundlage einer erfolgreichen, regionenübergreifenden Energiewende. VDE, ETG, Frankfurt a. M. d2230clyyaue6l.cloudfront.net/wp-content/uploads/VDE_ST_ETG_GANN_web.pdf. Zugegriffen: 14.03.2016

Bundesministerium für Wirtschaft und Energie (BMWi) (2015) Ein gutes Stück Arbeit. Die Energie der Zukunft. Vierter Monitoring-Bericht zur Energiewende. www.bmwi.de/DE/Mediathek/publikationen,did=739122.html. Zugegriffen: 14.03.2016

Illera AG, Vidal JV (2014) Lights Off! The Darkness of the Smart Meters. Präsentation im Rahmen der Konferenz, Black Hat Europe 2014, Amsterdam

Kirchhoff H, Kebir N, Neumann K, Heller P, Strunz K (2016) Developing Mutual Success Factors and their Application to Swarm Electrification: Microgrids with 100 % Renewable Energies in the Global South and Germany. In: Elsevier – Journal of Cleaner Production (Zur Veröffentlichung angenommen)

Laskowski M (2015) Keynote: Last- und Einspeiseflexibilitäten im Zusammenspiel zwischen Markt und Netz. Tagung: Smart Energy 2015 – Trends, Treiber, Allianzen. www.smart-energy-conference.de/wp-content/uploads/2014/S2/Laskowski.pdf. Zugegriffen: 14.03.2016

Petermann T, Bradke H, Lüllmann A, Poetzsch M, Riehm U (2011) Was bei einem Blackout geschieht – Folgen eines langandauernden und großflächigen Stromausfalls. Studien des Büros für Technikfolgen-Abschätzung beim Deutschen Bundestag – 33. www.tab-beim-bundestag.de/de/pdf/publikationen/buecher/petermann-etal-2011-141.pdf. Zugegriffen: 04.05.2016

---

9   *Diese Notwendigkeit wird bereits erkannt: Einige Energieversorger, gerade auch von Gemeinden mit einem sehr hohen Anteil an erneuerbaren Energien, sog. ee100-Regionen, kooperieren bereits intensiv mit Hochschulen und Start-ups. Größere Erneuerbare-Energien-Firmen, u. a. Viessmann, betreiben eigene IT-Start-up-Inkubatoren.*

SOZIALE UND TECHNISCHE INNOVATIONEN IN DER GESUNDHEIT

Versorgung und Pflege im digitalen Sozialraum

Maxie Lutze, Christine Weiß

—

Digitalisierung in der Gesundheit

Anne Dwertmann, Markus Schürholz

3.2.1 Versorgung und Pflege im digitalen Sozialraum

Maxie Lutze, Christine Weiß

Die Digitalisierung erfasst als Megatrend alle Facetten des menschlichen Lebens. Ist im Rahmen von Industrie 4.0 eine hochautomatisierte Fertigung bereits digitalen Veränderungen unterworfen, sind lebensweltliche Kontexte wie der Sozialraum in der öffentlichen Wahrnehmung weniger von umwälzenden Veränderungen betroffen. Aber entspricht das der Realität? Die Mehrzahl junger Menschen bewegt sich heute selbstverständlich in der digitalen Welt und verbindet sie gekonnt mit der analogen Welt. Stagnierende Wachstumszahlen bei der Internetnutzung geben Anlass zu fragen, ob ältere Menschen von den galoppierenden Veränderungen zunehmend abgehängt werden. Der digitale Wandel kann gerade diese Gesellschaftsgruppen unterstützen. Denn: Digitalisierung und technischer Fortschritt bieten vielfach Chancen für die Gestaltung eines modernen, befähigenden und inklusiven Sozialraums – wenn dabei die vorherrschenden Strukturen berücksichtigt werden.

Versorgung und Pflege im digitalen Sozialraum

Bis 2030 wird es in Deutschland 3,4 Millionen Pflegebedürftige geben, die überwiegend zuhause leben werden. Schon heute leben 44 Prozent der Pflegebedürftigen allein (Naumann 2013). Jeder Fünfte von ihnen gibt zudem an, keine Vertrauensperson zu haben und ist damit von sozialer Isolation betroffen. Neben möglichen emotionalen Konsequenzen bedeutet dies auch, dass bei gesundheitlichen Krisen oder bei Behördengängen wenige Ressourcen für Unterstützung zur Verfügung stehen. Die Grenzen häuslicher Pflege werden auch dann deutlich, wenn verschiedene Risikofaktoren wie hochgradige Pflegebedürftigkeit, soziale Isolation oder geringes Einkommen zusammenkommen, wovon ebenfalls überwiegend alleinlebende Pflegebedürftige betroffen sind (ebd.). Benötigt werden sozialräumliche Veränderungen durch soziale und technologische Innovationen, um auch dem gesundheitspolitischen Anspruch „Ambulant vor Stationär" zu begegnen. Hierfür gilt es digitale Lösungen zu entwickeln oder zu nutzen, die vor allem älteren Menschen ein selbstbestimmtes und sicheres Wohnen sowie eine soziale Teilhabe in ihrem Umfeld ermöglichen.

Was bedeutet Sozialraum?

Der Sozialraum beschreibt einen individuellen Aktionsradius, dessen Ausdehnung variabel ist. Zu ihm zählen die Wohnung und der öffentliche Raum, in dem regelmäßige Aktivitäten stattfinden oder stattgefunden haben (u. a. Freunde, Familie, Freizeit, Arbeit, Sport, Konsum). Mit steigendem Unterstützungsbedarf eines Menschen wird sein (Wohn-)Umfeld kleiner, sodass Begegnungen im Sozialraum – ob mit Nachbarn oder Postbote – an Bedeutung gewinnen, um ein Gefühl der Identität und des Eingebettet-Seins (Blunck 2002) zu erleben.

Digitalisierung erweitert und verändert den Sozialraum

Das Bild des Cyberspace war bereits in den frühen Tagen des Internets eine verbreitete Denkfigur. Die Nutzung sozialer Online-Plattformen wie Facebook entspricht einer Erweiterung des Aktionsraums, die auch für die sozialraumorientierte pflegerische Versorgung eine Rolle spielen wird. Wenn auch nicht selten die Nutzung digitaler Medien mit der Angst vor Schein- oder Parallelwelten verbunden wird, verdeutlichen Ereignisse wie die Facebook-Revolution im arabischen Frühling und die internetbasierte Organisation ehrenamtlicher Helfernetzwerke zur Unterstützung von Geflüchteten eine enge Verknüpfung digitalbasierter Interaktion und lebensweltlicher Bezüge. Es gilt diese Bezüge genauer zu betrachten, um die gewünschten Effekte auch für die Stärkung der Nachbarschaft zu erzielen. Das Hamburger Projekt „Vernetztes Wohnen im Quartier – zukunftsfähige Versorgung älterer Menschen"[1] zeigt zudem, dass die Art der Vernetzung von Bedeutung ist. Nicht nur die professionellen Dienstleister und Institutionen sollten im Sozialraum oder darüber hinaus vernetzt sein. Auch die Nachbarschaftshilfe für die direkte Nachbarschaft (Mikroquartier) ist gewünscht. Abhängig von den regionalen Gegebenheiten sind zudem logistikbezogene Lösungen erstrebenswert, die z. B. dabei unterstützen, große Distanzen im ländlichen Raum zu überwinden (Fraunhofer IESE 2016).

Der Sozialraum hat direkte Auswirkungen auf die Gesundheit

Die Weltgesundheitsorganisation (WHO) stellt fest, dass Gesundheit und Wohlergehen im Alter wesentlich bestimmt werden durch das physische und soziale Umfeld (WHO 2012). Untersuchungen des Zusammenhangs von Gesundheit und Sozialraum belegen den Einfluss von Merkmalen der Wohngebiete (Anteil Armer, Minoritäten, niedriger Einkommen oder Grünflächen) auf die mentale und physische Gesundheit (Friedrichs 2015) alter und pflegebedürftiger Menschen. Bestätigung finden diese

---

[1] *Vernetztes Wohnen im Quartier: www.vernetztes-wohnen-hh.de. Zugegriffen: 18.05.2016*

ferner in der Analyse von Wohnprojekten auf ihren ökonomischen und sozialen Mehrwert, die signifikant geringere Werte bei den Krankheits- und Pflegeindikatoren zeigen (Kehl und Then 2008). Damit wird deutlich, dass eine geeignete Unterstützung des Umfelds, die Verbesserung des Zusammenlebens und die Etablierung von tragfähigen Versorgungstrukturen eine Reduzierung des Hilfebedarfs und die Lebensqualität fördern können.

Sozialraum gelingt nur im Zusammenspiel seiner Bewohner

Die sozialräumliche Vernetzung auf Quartiersebene und die Schaffung neuer Nachbarschaften in Vierteln oder Gemeinden sind wesentlich, um tragfähige Strukturen zu bilden, die im Bedarfsfall dem Einzelnen Unterstützung bieten, ergänzend zu den professionellen Angeboten auf lokaler Ebene. Eine Quartiersvernetzung in Form eines digitalen Sozialraums muss allen Bürgern zugutekommen. Besonders wichtig ist sie aber für Menschen, die über eine eingeschränkte Mobilität verfügen, wie Pflegebedürftige, Ältere, Jugendliche, Kinder und Familien und Menschen mit Einschränkungen (Knabe und van Rießen 2015). In die sozialräumliche Vernetzung sollten alle relevanten Akteure des Quartiers eingebunden sein: die Bürgerinnen und Bürger, gemeinnützige Organisationen, kommunale Stellen, die lokale Wirtschaft und die politischen Vertreter seitens des Rates und des Bezirks.

Digitale Nachbarschaften entwickeln sich

Mit den demografischen Veränderungen und dem Trend zur Singularisierung steigen auch der Wunsch nach Gemeinschaft (Wippermann und Krüger 2015) und damit das Potenzial digitaler Nachbarschaften. Internetplattformen wie Nextdoor[2] finden großen Zulauf und große Finanziers (u. a. Amazon). Der Wert des sozialen Netzwerkes, das sich mit Nachbarschaftshilfe beschäftigt, wird inzwischen auf mehr als eine Milliarde Dollar geschätzt, obwohl es noch kein tragfähiges Geschäftsmodell gibt. Was zu Werbezwecken für die Wirtschaft interessant ist, verfängt in der Praxis zögerlich. Unbekannte Nachbarn zu kontaktieren, ist im Netz offenbar nicht viel einfacher als in der physischen Welt. Für die Organisation nachbarschaftlicher Netzwerke zur pflegerischen Versorgung von Menschen ist die aktuelle Praxis damit noch ein Hindernis. Die Helpodo GmbH setzt mit „leichtR – Hilfsbereitschaft 2.0"[3] deshalb auf kleinere Netzwerke, die sich per SMS organisieren. Der sponsorenbasierte Ansatz befindet sich derzeit in der Erprobung. Wissenschaftliche Untersuchungen für die Bedingungen zum Gelingen einer digitalen Nachbarschaft sind rar. Der Blick auf die

---

[2] *Nextdoor: www.nextdoor.de. Zugegriffen: 18.05.2016*
[3] *leichtR – Hilfsbereitschaft 2.0: www.leichtr.de. Zugegriffen: 18.05.2016*

Erkenntnisse der Sozialraum- und Quartiersforschung verdeutlicht aber, dass Top-Down-Ansätze für den Aufbau von Gemeinschaften wenig erfolgversprechend sind. Vielmehr sind gemeinsame Ziele unter Berücksichtigung der Lebenswirklichkeit der Bewohner notwendig. Durch Partizipation und Befähigung gilt es den Einzelnen in seinem Handeln für die Gemeinschaft zu bestärken.

Digitalisierung ist auch ein Thema für pflegende Angehörige

„Digital-Health-Anwendungen haben für Bürger das Potenzial, die Vision von Patient Empowerment Wirklichkeit werden zu lassen." (Thranberend et al. 2016) Unter der Vielzahl entwickelter Gesundheits-Apps befindet sich eine beträchtliche Anzahl (48 Prozent), die auch für pflegende Angehörige konzipiert wurde (ebd.). Mit Blick auf die geringe Nutzung bleibt den Autoren auch hier nur der Schluss, dass die „Markt-entwicklung bislang primär angebotsgetrieben [ist], weniger ausgerichtet am tat-sächlichen Bedarf." Der Informationsbedarf zu Themen der Pflege ist hoch (Schroer-Mollenschott 2011). Bisher sind vorhandene Informationsangebote allerdings oft nicht bekannt, u. a. weil sie unstrukturiert und zersplittert sind, das gilt insbesondere für Menschen mit Migrationshintergrund (Kohls 2012). Das Informationsportal Curendo des Unternehmens „Töchter + Söhne" und der DAK-Pflegecoach (E-Learning für Ehrenamtliche) sind erste Versuche, diese Lücke zu überbrücken. Zudem eröffnet die Digitalisierung des Sozialraums die Möglichkeit, informell und professionell Pflegende in Hinblick auf einen „Hilfemix" besser zu koordinieren. Dies kann durch gezielte Personal- und Arbeitsprozesssteuerung sowie durch eine Quartiersvernetzung erfolgen. Hierbei ist die Digitalisierung als strategischer Faktor im Kontext des erwarteten Fachkräftemangels zu verstehen (Hülsken-Giesler 2015).

„Vernetztes Wohnen" als Ausgangspunkt eines digitalen Sozialraums

Technikbasierte Quartiersvernetzung ist ein relativ junges Thema und umfasst Technologien für die intelligente vernetzte Unterstützung im Haushalt ebenso wie für die Mobilität, die soziale Teilhabe und die Bewältigung von Herausforderungen in der Pflege. Zentrales Anliegen ist dabei auch die Entwicklung von Konzepten und Dienstleistungen, die neue Technologien und soziales Umfeld miteinander verbinden. Ansätze zum „Vernetzten Wohnen" verfolgen dabei sowohl die Unterstützung des Einzelnen als auch die Unterstützung der Vernetzung mit professionellen Partnern und der Nachbarschaft. Die Funktionen der Systeme adressieren meist Bereiche der Gesundheit, Komfort, Kommunikation und Sicherheit. Nach ersten Erfahrungen in der Praxis ist bei der Mehrzahl der Ansätze eine nachhaltige Verankerung noch nicht gelungen. Vielversprechende Konzepte (z. B. „Smart Living Manager", ARGENTUM „AmRied") wurden nach einem guten Start gar nicht mehr oder eingeschränkt genutzt. Auch jene, die am Markt bestehen (z. B. „meinPAUL", „SOPHIA") haben den Durchbruch noch vor sich. Die Zusammenschau der verschiedenen Konzepte (Schelisch 2015) ermöglicht die Identifikation von Faktoren, die dafür mitverantwortlich sind:

- Die Komplexität der Systeme, die über den Preis bestimmt und darüber, ob das System in die Wohnung integriert werden kann oder ein Umzug erforderlich ist.

- Die soziale Einbettung des Systems durch eine intensive Betreuung der Nutzer (Ansprache).

- Fehlende Kooperations- und Finanzierungsansätze, die für die Geschäftsmodellierung herangezogen werden können.

Digitale Anschlussfähigkeit des Gesundheits- und Sozialwesens herstellen

Bei der Vernetzung aller Akteure für eine sozialraumorientierte Pflege ist vor allem die digitale Anschlussfähigkeit des Gesundheits- und Sozialwesens von Bedeutung. In der Pflegebranche sind zahlreiche kleine und mittelständische Unternehmen aktiv, die häufig keinen Chief-Technical-Officer (CTO) haben, sodass strategische Digitalisierungskonzepte weitgehend fehlen. Das Digitalisierungsbarometer 2013 attestiert den KMU des Gesundheits- und Sozialwesens daher einen erheblichen Aufholbedarf (ANTRIEB MITTELSTAND 2013). Der Blick in das technische Umfeld der professionellen (Alten-)Pflege zeigt ein limitiertes Repertoire an aktuell genutzten Technologien. Dieses reicht von elektrisch betriebenen Liftern über Hausnotrufsysteme bis zu EDV für die pflegerische Dokumentation (Hielscher et al. 2015). Während im Bereich des Krankenhauses elektronisch gestützte Informationssysteme ebenso wie die IT-gestützte Pflegedokumentation bereits eine große Verbreitung gefunden haben, ziehen die ambulanten Einrichtungen der Pflege nur schrittweise nach. Als wesentliche Säule der Pflege im Sozialraum sind also auch hier noch erhebliche Anstrengungen erforderlich. Ein geeigneter Start in Sachen Digitalisierung ist die aktuelle Entwicklung der strukturierten Informationserfassung im Rahmen der Entbürokratisierung der Pflegedokumentation, auf die sich auch Softwareanbieter zunehmend einrichten werden müssen. Aufgrund steigender Anforderungen bei der Versorgung und an die Pflegequalität, sind intra- und interdisziplinäre Kooperationen u. a. zwischen Ärzten und Pflegenden erforderlich. Diese können durch integrierte Organisationskonzepte verbessert werden. Professionelles Change-Management kann hier von der Digitalisierung profitieren, indem die Prozesse analysiert und Anforderungen neu formuliert werden.

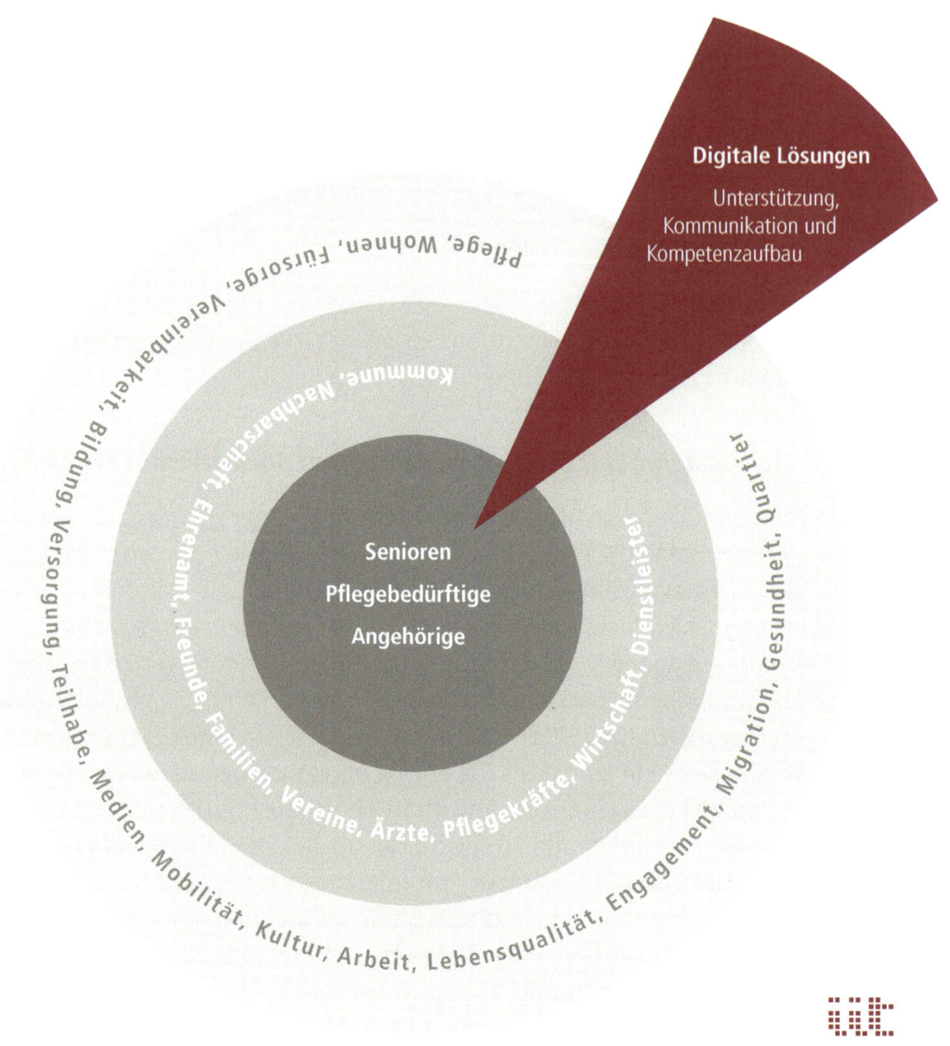

Abbildung 3.2.1.1: Im digitalen Sozialraum steht weiterhin der Mensch im Mittelpunkt

Differenzierte Nutzenbewertung digitaler Lösungen notwendig

Es gibt nur wenige konkrete Studien, die den praktischen Einsatz digitaler Technologien in der Pflege messen und evaluieren. Die heterogene Akteursstruktur der sozialraumorientierten Pflege erfordert eine Bewertung des Nutzens aus unterschiedlichen Perspektiven (Multi-Stakeholder-Betrachtung). Ein erster Ansatz für eine strukturierte Nutzenabschätzung wurde mit der BMG-Studie „Unterstützung Pflegebedürftiger durch technische Assistenzsysteme" (Weiß und Braeseke 2013) vorgelegt. Die Erprobung des Instruments sowie die Bewertung des Nutzens von technologischen Funktionen zur Quartiersvernetzung stehen noch aus. Die Notwendigkeit der Differenzierung nach unterschiedlichen Nutzergruppen zeichnet sich auch hier bereits ab: Der Nutzen für die Pflegefachkräfte ist eng mit dem individuellen Aufgabenspektrum verbunden sowie mit den Bedürfnissen der Pflegebedürftigen. Kommunikationsfunktionen, die für Heilerziehungspfleger hilfreich sein können, sind für Altenpfleger nicht im gleichen Maße sinnvoll. Dieses Beispiel verdeutlicht in Ansätzen, wie komplex die Bewertung neuer Technologien in der sozialraumorientierten Pflege sein kann. Praxiserprobungen im Zusammenspiel mit wissenschaftlicher Begleitung sind folglich zu intensivieren, um datenbasiert den Nutzen digitaler Konzepte zu steigern.

Kommunen als zentrale Akteure sozialraumorientierter Pflege etablieren

Um Über-, Unter- und Fehlversorgungen zu vermeiden, kommt den Kommunen eine wichtige Aufgabe bei der Organisation von Pflege und Pflegevermeidung zu. Deren Stärkung wurde deshalb seitens der Bund-Länder-Arbeitsgruppe 2015 empfohlen und es starteten erste Modellprojekte (BMG 2015). Ziel sozialraumorientierter Pflege ist es, Eigeninitiative zu fördern, professionelle Hilfe zu stärken und wechselseitige Hilfe zu erweitern, um dadurch die Lebensqualität pflegebedürftiger Menschen und ihrer Angehörigen zu erhalten und zu verbessern. Der Aufbau und die Organisation einer sozialraumorientierten Pflege erfordert eine Verzahnung sozialraumorientierter Angebote der Beratung, Teilhabe, Prävention und Rehabilitation sowie der medizinischen Versorgung mit der Pflegeinfrastruktur. Die Akteursstrukturen der verschiedenen Sozialräume, die zur Umsetzung dieses Ziels antreten, unterscheiden sich zum Teil erheblich. Um die Leistungs- und Kooperationsfähigkeit von Sozialräumen zu stärken, bedarf es folglich strukturierter Analysen dieser Konstellationen, die vorhandene soziale Ressourcen und Kooperationen erfassen. Nur so kann es gelingen, die Wünsche und Bestrebungen von Pflegeeinrichtungen (stationär, ambulant), informell Pflegenden (Angehörige, Ehrenamtliche), der Wohnungswirtschaft, regionalen Institutionen, öffentlichen Verwaltungen sowie Mobilitätsanbietern und Anbietern haushaltsnaher Dienstleistungen derart zu organisieren, dass ein Zusammenwirken im Quartier zugunsten des Einzelnen möglich ist.

Akteure im digitalen Sozialraum

In einer sorgenden Gemeinschaft sollen die Menschen im Mittelpunkt stehen. Für sie bedarf es passgenauer und sich anpassender (digitaler) Lösungen. Dies geht über das Internet als digitales Leitmedium, dessen altersspezifische Nutzung – insbesondere im Hinblick auf Information, Kommunikation, Erledigung von Besorgungen oder auch Zugang zu Behörden sowie gesellschaftliche Partizipation – weit hinaus. Zunehmend wird es den Alltag auch all derjenigen Personen betreffen, die noch keinen

Zugang zum Internet haben. Dieser menschenzentrierte Ansatz darf gerade ältere Personen nicht nur als passive, zu um- und versorgende Personen (Adressaten) einbeziehen, sondern soll sie im Sinne eines Empowerments als Akteure integrieren. Dem älteren Menschen wird so eine aktive Rolle zugeschrieben, die unmittelbar mit dem kontinuierlichen Zugewinn und der Anwendung von Wissen im Sinne eines lebenslangen Lernens zu verbinden ist.

Literatur

ANTRIEB MITTELSTAND (2013) Digitalisierungsbarometer ANTRIEB MITTELSTAND. Dienstleister arbeiten am digitalsten, Gastgewerbe ist Internetmuffel. Pressemitteilung, 28.05.2013. www.bvmw.de/fileadmin/download/Bilder/News/Container_Startseite/Digitalisierungsbarometer.pdf. Zugegriffen: 18.06.2016

Blunck A (2002) Informelle Hilfe im Rahmen von Alltagsversorgung. In: Klie T (Hrsg) Für(s) Alte(r) planen: Beiträge zur kommunalen Altenplanung. Kontaktstelle für praxisorientierte Forschung e. V., Freiburg im Breisgau, S 129–214

Bundesministerium für Gesundheit (BMG) (2015) Empfehlungen der Bund-Länder-Arbeitsgruppe zur Stärkung der Rolle der Kommunen in der Pflege. www.bmg.bund.de/fileadmin/dateien/Downloads/E/Erklaerungen/BL-AG-Pflege-Gesamtpapier.pdf. Zugegriffen: 09.03.2016

Fraunhofer-Institut für Experimentelles Software Engeneering IESE (2016) Digitale Dörfer. www.digitale-doerfer.de. Zugegriffen: 14.03.2016

Friedrichs J (2015) Effekte des Wohngebiets auf die mentale und physische Gesundheit der Bewohner/innen. Tagung „Quartier und Gesundheit" des Arbeitskreises Quartiersforschung und der Deutschen Gesellschaft für Geographie in Berlin, 18.–19. Mai 2015. www.quartiersforschung.de/download/Friedrichs.pdf. Zugegriffen: 10.03.2016

Hielscher V, Nock L, Kirchen-Peters S (2015) Technikeinsatz in der Altenpflege. Potenziale und Probleme in empirischer Perspektive. edition sigma in der Nomos Verlagsgesellschaft, Baden-Baden

Hülsken-Giesler M (2015) Neue Technologien in der Pflege. Wo stehen wir – was ist zu erwarten?. In: Bundesanstalt für Arbeitsschutz und Arbeitsmedizin (Hrsg) Intelligente Technik in der beruflichen Pflege. Von den Chancen und Risiken einer Pflege 4.0. Dortmund

Kehl K, Then V (2008) Bürgerschaftliches Engagement im Kontext von Familie und familiennahen Dienstleistungen: Gemeinschaftliche Wohnmodelle als Ausweg aus dem Unterstützungs- und Pflegedilemma?. Expertise zum Bericht: Alscher M, Dathe D, Speth R (Hrsg) Bericht zur Lage und Perspektiven des bürgerschaftlichen Engagement in Deutschland. Bundesministerium für Familie, Senioren, Frauen und Jugend (BMFSJ). www.csi.uni-heidelberg.de/downloads/expertise_kehl-then.pdf. Zugegriffen: 08.03.2016

Knabe J, van Rießen A (2015) Städtische Quartiere gestalten: Kommunale Herausforderungen und Chancen im transformierten Wohlfahrtsstaat. transcript Verlag, Bielefeld

Kohls M (2012) Pflegebedürftigkeit und Nachfrage nach Pflegeleistungen von Migrantinnen und Migranten im demographischen Wandel. Forschungsbericht 12. Bundesamt für Migration und Flüchtlinge (BAMF), Nürnberg

Naumann D (2013) Versorgungsformen in Deutschland: Untersuchung zu Einflussfaktoren auf die Nachfrage spezifischer Versorgungsleistungen bei Pflege- und Hilfebedarf. ZQP – Abschlussbericht. Berlin Zentrum für Qualität in der Pflege (ZQP), Berlin

Schelisch L (2015) Technisch unterstütztes Wohnen im Stadtquartier. Potentiale, Akzeptanz und Nutzung eines Assistenzsystems für ältere Menschen. VS Verlag für Sozialwissenschaften, Wiesbaden

Schroer-Mollenschott C (2011) Kompetenzförderung von pflegenden Angehörigen und Patienten. In: GKV-Spitzenverband (Hrsg) Schriftenreihe Modellprogramm zur Weiterentwicklung der Pflegeversicherung, Band 7. CW Haarfeld, Hürth

Thranberend T, Knöppler K, Neisecke T (2016) Gesundheits-Apps. Bedeutender Hebel für Patient Empowerment – Potenziale jedoch bislang kaum genutzt. SPOTLIGHT GESUNDHEIT: Daten, Analysen, Perspektiven. Bertelsmann Stiftung. www.bertelsmann-stiftung.de/de/publikationen/publikation/did/spotlight-gesundheit-gesundheits-apps. Zugegriffen: 21.04.2016

Weiß C, Braeseke G (2013) Unterstützung Pflegebedürftiger durch technische Assistenzsysteme. www.vdivde-it.de/publikationen/studien/unterstuetzung-pflegebeduerftiger-durch-technische-assistenzsysteme/at_download/pdf. Zugegriffen: 07.03.2016

Wippermann P, Krüger J (2015) Werte-Index 2016. Deutscher Fachverlag GmbH, Frankfurt a. M.

Weltgesundheitsorganisation (WHO) (2012) Strategie- und Aktionsplan für gesundes Altern in der Europäischen Region (2012 -2020). www.euro.who.int/__data/assets/pdf_file/0018/170316/RC62wd10-Ger.pdf. Zugegriffen: 18.05.2016

3.2.2 Digitalisierung in der Gesundheit

Anne Dwertmann, Markus Schürholz

Die Digitalisierung hat das Gesundheitswesen später erfasst als andere Branchen mit weniger sensiblen Gütern. Perspektivisch wird sie das Gesundheitssystem jedoch revolutionieren. Nach einigen Vorhersagen wird sich eine derzeit IT-gestützte Medizin zu einer IT-zentrierten Medizin entwickeln. Die Veränderungen gehen dabei einerseits von der Übertragung von Technik aus, die in anderen Anwendungsfeldern bereits etabliert ist. Dazu gehören vernetzte Systeme und ubiquitäre Kommunikationstechnik, die Prozessveränderungen ermöglichen. Andererseits bedeutet Digitalisierung im Gesundheitswesen den Einsatz neuer Methoden der Datenauswertung. Die Potenziale von Big-Data-Anwendungen liegen vor allem in der pharmazeutischen Forschung und Entwicklung sowie in der Effizienzsteigerung bei der Patientenversorgung. In der Medizin stehen den vielen Chancen für digitale Lösungen aber auch spezifische Risiken gegenüber. Deshalb wird sich der digitale Wandel im Gesundheitswesen anders darstellen als in anderen Bereichen.

Digitalisierung in der Gesundheit

Kommunikationstechnik vernetzt räumlich getrennte Systeme und Nutzer, was im Gesundheitswesen eine Vielzahl von Anwendungen ermöglicht, die man unter dem Begriff Telemedizin zusammenfasst. In Deutschland muss sich die Anwendung entsprechender Technik im landesspezifischen Rechtsrahmen bewegen, zu dem speziell das Fernbehandlungsverbot gehört. Dieses gebietet Ärzten, Patienten unmittelbar zu behandeln und verbietet eine Behandlung ausschließlich auf Basis von Kommunikationsmedien (Bundesärztekammer 2015).[1] Das historisch gewachsene Fernbehandlungsverbot bietet jedoch im Zeitalter von Vernetzung und Digitalisierung einigen Diskussions- und Interpretationsspielraum, sodass die Bundesärztekammer Ende 2015 anhand von sieben Szenarien einen Rahmen für telemedizinische Behandlungen präzisiert hat. Haftungsfragen werden aber weiterhin diskutiert. Zur gleichen Zeit wurde das E-Health-Gesetz[2] beschlossen, das den Rechtsrahmen für Telemedizin spezifiziert. Für die Zukunft wurde hier also ein abgewandelter regulatorischer Rahmen in Deutschland geschaffen. Bestimmende Rahmenelemente in der digitalen

---

[1] *Paragraph § 7 Abs. 4 MBO-Ä 1997*
[2] *Gesetz für sichere digitale Kommunikation und Anwendungen im Gesundheitswesen*

Gesundheitsversorgung sind weiterhin die Datensicherheit, die Interoperabilität der Systeme und die Vergütungsmöglichkeiten.

Aufgrund der Gestaltung des deutschen Gesundheitssystems finden nicht-medizinische Verbesserungen wie die Verringerung von Wartezeiten oder der Wegfall von Anfahrtszeiten, die primär einen Komfortgewinn für den Patienten bringen und nur sekundär für den Arzt, nur langsam oder gar nicht ihren Weg in den Versorgungsalltag. Medizinische Apps und SaaS-Lösungen[3] stehen häufig vor der Herausforderung, mindestens zwei Nutzergruppen – Ärzte und Patienten – gleichzeitig zu adressieren. Darin liegt ein wesentlicher Unterschied zur Unterhaltungselektronik und -software, die meistens eine Art von Nutzern bei der Gesamtentwicklung inklusive Geschäftsmodell in den Fokus stellt. Der deutsche Patient ist es größtenteils nicht gewohnt, unmittelbar für medizinische Leistungen zu bezahlen, und die Möglichkeiten der Telemedizin schlagen sich noch nicht in entsprechend angepassten Vergütungsziffern nieder. Wesentliche Herausforderung für Anbieter vernetzter Systeme und Services wird es daher in den kommenden Jahren sein, passend justierte Geschäftsmodelle umzusetzen. Außerdem müssen digitale Technologien im Gesundheitsbereich gegen die in jüngster Vergangenheit vermehrt erfolgreichen Hacker-Angriffe geschützt werden.

Die Digitalisierung unterstützt eine modulare Aufgabenteilung

Das deutsche Gesundheitssystem sieht bereits ein Ineinandergreifen der Aufgaben von Kliniken und niedergelassenen Ärzten vor. Der sektorenübergreifende Austausch funktioniert jedoch bei weitem noch nicht so schnell und reibungslos wie erwünscht. Die Überbrückung räumlicher und teilweise zeitlicher Distanzen durch Digitalisierung ermöglicht es prinzipiell, dass jeder Prozessschritt von der effizientesten Stelle durchgeführt wird. Ein medizinischer Messwert kann von einer Gesundheitsfachkraft erhoben, an den Hausarzt übertragen und zur Diagnostik eingesetzt werden, wobei der Hausarzt bei Bedarf Spezialisten eines Universitätsklinikums zum Beispiel per Telekonsil in die Diagnose einbindet. Das Telekonsil, das Telemonitoring und die Telekonsultation sind die Hauptanwendungsfelder von Kommunikationssystemen im Gesundheitswesen. Neben der Optimierung der Prozessschritte durch digital unterstützte modulare Aufgabenteilung kann die Digitalisierung des Gesundheitswesens zu einer höheren Transparenz für den Patienten führen und das Einholen von Zweitmeinungen zu einzelnen Diagnosen oder Therapieentscheidungen erleichtern.

---

[3] *Software-as-a-Service-Lösung*

Treibende Kräfte aktueller Entwicklungen sind nicht nur die auf Angebotsseite verfügbaren, günstigen Informations- und Kommunikationssysteme, sondern auf Bedarfsseite die niedrige Arztdichte in manchen ländlichen Regionen Deutschlands. Lösungen werden in Pilotprojekten erprobt und stehen danach vor der Herausforderung in die Regelversorgung überführt zu werden, wozu sie u. a. skaliert und auf andere Regionen übertragen werden müssen. Weitere Impulse werden vom laufenden Innovationsfond des GB-A[4] erwartet, der mit jährlich 225 Millionen Euro die integrierte Versorgung inklusive Telemedizin fördert.

Typische Szenarien für die Digitalisierung im Gesundheitswesen versprechen für die Anwendung in Deutschland primär einen, wenn auch nicht unwesentlichen, Komfortgewinn für die Patienten. In Entwicklungsländern sind durch digitale Technik jedoch dramatische Verbesserungen in der Versorgung zu erwarten. Die Verbreitung von Smartphones hat global – insbesondere in den Entwicklungsländern – eine Grundlage für den Einsatz von Telekonsilen und -konsultationen gelegt. Für Anbieter von mHealth-Dienstleistungen gilt es, Geschäftsmodelle zu entwickeln, mit denen eine breite Nutzerschaft (Größenordnung: Milliarden) erreicht werden kann. Digitale Dienstleistungen im Endkonsumentenbereich monetarisieren sich häufig über Freemium-Modelle[5], bei denen die Schwelle zwischen kostenfreier und kostenpflichtiger Dienstleistung zumeist für eine spezifische Kundengruppe in den Industrieländern gesetzt wurde.

Im Gegensatz zu den oben beschriebenen typischen Einsatzfeldern für Telemedizin gibt es im weiteren Feld von eHealth zahlreiche Dienstleistungen, deren Nutzergruppe ausschließlich Patienten sind. Die Problematik der Entwicklung für zwei Nutzergruppen entfällt also. Wie in der Telemedizin besteht auch bei anderen Gruppen von eHealth-Lösungen eine Herausforderung in der Kommoditisierung[6] von Software-, aber auch Hardwarekomponenten.

Zweiter Gesundheitsmarkt und „Quantified Self"

Digitale medizinische Dienstleistungen mit neuartigen Nutzungs- und Geschäftsmodellen können sich in der Wahrnehmung der Nutzer deutlich von traditionellen medizinischen Dienstleistungen unterscheiden. An der ohnehin vermehrt unscharfen Trennlinie zwischen Medizin-, Sport-, Fitness- und Lifestyleprodukten ist mit mehr

---

4   *Gemeinsamer Bundesausschuss*

5   *Gründerszene-Lexikon: www.gruenderszene.de/lexikon/begriffe/freemium. Zugegriffen: 18.05.2016*

6   *BusinessDictonary.com: www.businessdictionary.com/definition/commoditization.html. Zugegriffen: 18.05.2016*

Angeboten zu rechnen, die dem zweiten Gesundheitsmarkt zuzuordnen sind. Außerdem wird die fortschreitende Digitalisierung zu einem weiteren deutlichen Verfall von Zugangshürden zu medizinischem Wissen und Dienstleistungen führen. Vorstellbar ist, dass entsprechende Dienstleister punktuelle Beratungen in einer Mischung mit Empfehlungen zur Prävention anbieten und dabei innovative Kombinationen von Monetarisierungsarten etablieren.

Es kann zu einer Konvergenz von telemedizinischen Dienstleistungen und Quantified Self kommen. Bereits leicht verfügbare Sensoren zur Messung von Puls, Bewegungen, Temperatur, Sauerstoffgehalt des Blutes etc. finden sich zunehmend in Produkten mit anderem Kernanwendungsgebiet wie der Apple Watch und werden zur kostengünstigen, gleichzeitigen und teilweise dauerhaften Messung zusammengeführt, zum Beispiel von den um den Qualcomm Tricorder XPRIZE[7] konkurrierenden Entwicklern. Gleichzeitig werden andere medizinische Messsysteme günstiger. Die Untersuchung genetischer Informationen ist für private Nutzer erschwinglich geworden[8] (vgl. unten). Kits zur Bestimmung biochemischer Parameter im Blut sind preisgünstig erhältlich. Dem interessierten Gesunden stehen immer mehr und immer leichter Möglichkeiten zur Verfügung, Vitaldaten zu erfassen. Damit bietet sich ein Markt für Anbieter von Datenplattformen, auf denen, wenn denn nicht sogar therapeutische Aussagen getroffen werden, zumindest eigene Parameter des Nutzers mit denen anderer verglichen werden können. Da solche Vergleiche normativen Charakter haben, stellt sich die Frage nach der sinnhaften Aufbereitung und Kontextualisierung der Daten. Voraussichtlich werden die führenden Anbieter anderer Plattformen auch hier dominieren. Mit Google Fit und Apple Health sind erste Grundlagen gelegt.

Big Data

Die Nutzung von Big Data könnte eine zentrale Rolle auf dem Weg zu einer IT-zentrierten Medizin spielen – wenn es gelingt, die großen, heterogenen und sich schnell ändernden Datenmengen im richtigen Kontext und mit der passenden Methodik zur Datenanalyse einzusetzen. Doch was genau können die ultimative Vernetzung und die Nutzbarmachung von Big Data eigentlich bringen?

- *Die Nutzung von Big Data könnte die medizinische FuE revolutionieren und in der Patientenversorgung Effizienzverbesserungen und Einsparpotenziale eröffnen.*

---

[7] *Qualcomm Tricorder XPRIZE: tricorder.xprize.org. Zugegriffen: 18.05.2016*
[8] *23andMe: www.23andme.com. Zugegriffen: 18.05.2016*

Prädestinierter Nutzer von Big-Data-Anwendungen ist als primärer Innovationstreiber die medizinische Forschung und Entwicklung. Die pharmazeutische Industrie kann für die Identifikation von potenziellen Arzneimittelkandidaten die Kombination von molekularen und klinischen Daten von Patienten dazu nutzen, prädiktive Modelle über die spätere Wirksamkeit und Sicherheit von Medikamentenkandidaten erstellen. Bei der Rekrutierung von Patienten für klinische Studien könnten weitere Auswahlkriterien, z. B. auf Basis von genetischen Informationen, genutzt werden, womit gezielter bestimmte Patientenpopulationen angesprochen und gefährliche Nebenwirkungen vermieden werden könnten. Durch diese Ansätze ließe sich die Erfolgswahrscheinlichkeit für klinische Studien deutlich erhöhen (Langkafel 2015).

Treiber für diese neuen Entwicklungen sind insbesondere bei der Nutzung von komplexen molekularen Daten die stark gesunkenen Kosten für die Sequenzierung des humanen Genoms, die sich seit 2004 etwa alle fünf Monate halbiert haben (The Swedish Big Data Analytics Network 2013). Die bei einer Hochdurchsatzsequenzierung anfallenden Datenmengen stellen dabei eine enorme Herausforderung für die Datenanalyse und -speicherung dar. Die optimistische Annahme, die Ergebnisse einer Gesamtgenomsequenzierung relativ leicht mit dem jeweiligen Krankheitsbild eines Patienten verknüpfen zu können, hat sich jedoch vorerst nicht bestätigt – die Ursachen z. B. für die Entstehung einer bestimmten Krebsart sind vielfältiger und weit komplexer als ursprünglich angenommen. Hier würden Genomvergleiche einer großen Anzahl von Patienten bestehende Muster leichter kenntlich machen, es gilt also eine große Anzahl von Genomsequenzen zu erheben und intelligent auszuwerten.

Interessanterweise sind nicht die Kosten für die Genomsequenzierungen limitierend, diese liegen derzeit bei nur etwa 1.000 US-Dollar. Diesem Betrag stehen jedoch die Kosten für eine etwa 100.000 US-Dollar teure, umfassende Analyse, Verknüpfung und Interpretation der gesammelten Daten („Interpretome") gegenüber (Mardis 2010). Die Kompetenzen und effizienten Methoden der Bioinformatik zur Auswertung und praktischen Nutzung großer Datenmengen hinken also der reinen Erhebung dieser Daten eklatant hinterher. Um das große Potenzial von Big Data für die Prävention, Diagnostik und Therapie vor allem in der personalisierten Medizin nutzbar zu machen, müssen jedoch die großen Datenmengen dringend in vom Arzt umsetzbare, patientenrelevante Behandlungsempfehlungen übersetzt werden. Ärzte wollen nicht mit einer schwer interpretierbaren Datenflut überschüttet werden, sondern benötigen handfeste Resultate, die sie bei der Therapiewahl unmittelbar nutzen können. Einen umfassenden Ansatz dazu bietet IBMs „Watson"[9]. Das

---

[9] *Watson ist ein Computerprogramm der Firma IBM aus dem Bereich der Künstlichen Intelligenz.*

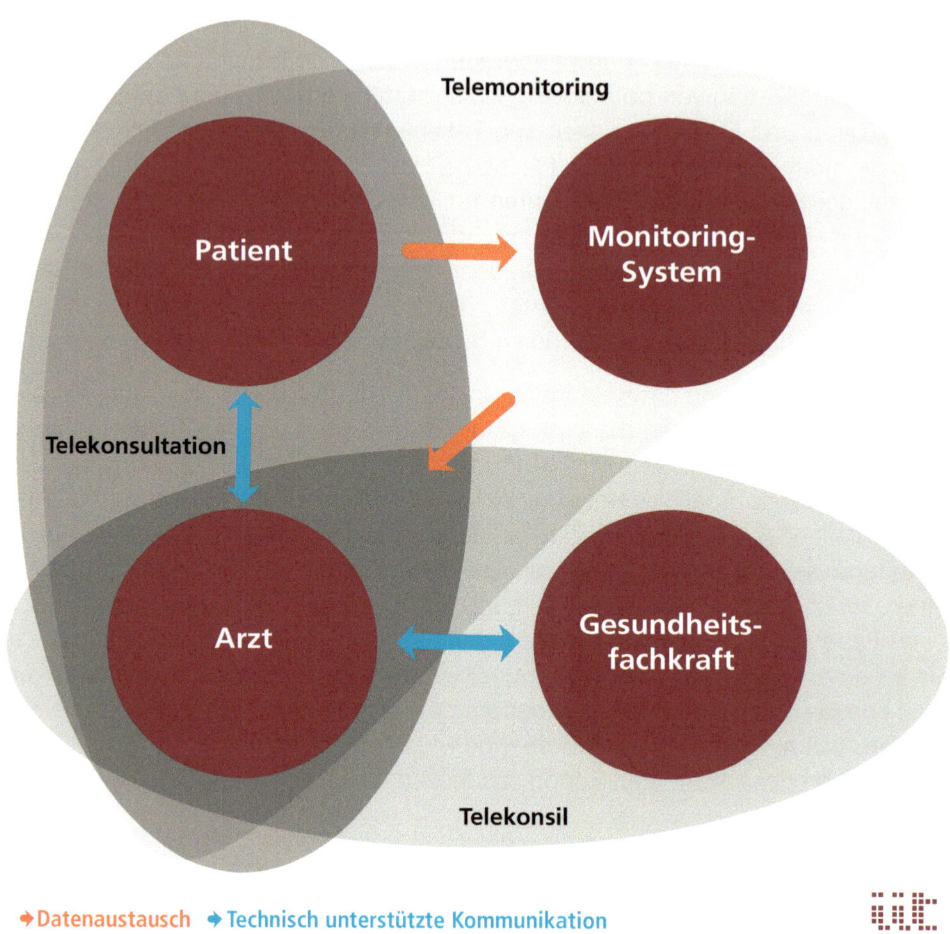

Abbildung 3.2.2.1: Anwendungsbeispiele für Telemedizin

System durchsucht die relevante Literatur sowie die Dokumentation von klinischen Studien, scannt die Patientenakte, analysiert alle durchgeführten medizinischen Tests und bezieht zudem soziale Determinanten, die sich z. B. aus Wohnort oder Herkunft ergeben, in seine Analyse mit ein. Ziel ist es, eine zuverlässige, konsistente sowie ständig lernende und sich weiterentwickelnde Datenplattform als Basis für eine Diagnosestellung und Therapiewahl zu nutzen, die dem behandelnden Arzt in einem leicht handhabbaren Bericht die optimalen Behandlungsoptionen vorschlägt (Friedman 2014).

Big Data verspricht neben einer besseren Patientenversorgung auch mögliche ökonomische Vorteile. So könnte die Echtzeitauswertung großer komplexer Datenmengen beispielsweise in der Epidemiologie zum Management akuter Ausbrüche von Infektionskrankheiten genutzt werden, um so rechtzeitig und zielgenau Medikamente vorzuhalten und Gegenmaßnahmen zur Eindämmung der Epidemie ergreifen zu können. Außerdem kann durch Auswertung von Versorgungsdaten die Güte der medizinischen Versorgung sektorenübergreifend gemessen und unter ganz unterschiedlichen Fragestellungen ausgewertet werden. Befürworter von Ansätzen qualitätsorientierter Vergütung (Pay for performance) sehen auch hier Einsatzmöglichkeiten. Big Data kann helfen, Klinikprozesse transparenter zu machen und Ineffizienzen abzubauen. Auch den Patienten wird durch Veröffentlichung von Behandlungserfolgen und unerwünschten Wirkungen die Wahl gegeben, sich für die qualitativ beste Versorgung zu entscheiden.

Big Data kann die medizinische Evidenzgenerierung unterstützen, bewährte Methoden jedoch nicht ersetzen

Die potenziellen Möglichkeiten von Big Data in der Medizin liegen vor allem in der Nutzbarmachung und Integration von großen und komplexen Daten aus allen Gesundheitsbereichen, um eine verlässliche Evidenz für medizinische Entscheidungen zu generieren – sei es in der konkreten Patientenbehandlung oder im Management von Versorgungseinrichtungen. Aus der Szene für evidenzbasierte Medizin in Deutschland wurde jedoch auch Kritik am Konzept von Big Data laut. Der Direktor von Cochrane Deutschland, Prof. Gerd Antes, bezeichnet es als „Vorsätzliche Entwissenschaftlichung". Große Datenmengen seien „das Problem, die Methode und die Lösung" (Antes 2015). Tatsächlich beansprucht der Big-Data-Ansatz, dass mit einer ausreichenden Menge an Daten und der richtigen Methodik zur Auswertung Korrelation Kausalität ersetzen kann. Big Data wäre damit das Ende aller Theorie. Laut Antes habe Big Data in der Medizin bisher allerdings noch keine handfesten Belege für ihren Wert geliefert. Die immer wieder zitierten „Beweise" seien anekdotisch (ebd.).

Die Nutzung von Big Data darf und will jedoch nicht den Anspruch erheben, in der wissenschaftlichen Evidenzgenerierung beispielsweise eine randomisierte klinische Studie nach strengen wissenschaftlichen Kriterien zu ersetzen. Mit der richtigen Methodik kann sie jedoch in Bereichen, in denen es schlichtweg nicht möglich ist mit altbewährten Methoden Wissen zu generieren, neue Erkenntnisse schaffen und die medizinische Versorgung in vielen Aspekten unterstützen und verbessern. Dies gilt insbesondere auch im Zeitalter der personalisierten Medizin – eine Fokussierung auf immer kleinere Patientengruppen erschwert die „klassische" Evidenzgenerierung erheblich, da in der personalisierten Medizin beispielsweise in klinischen Studien die erforderlichen Patientenzahlen schlichtweg nicht erreicht werden können.

„Mehr Daten" sind zwar noch keine Lösung für jedes Problem, könnten aber auf vielerlei Weise dazu beitragen, die medizinische Versorgung zu verbessern. Befürworter erhoffen sich durch die Nutzung von Big Data substanzielle Effizienz- und Qualitätssteigerungen in der Versorgung, die vom McKinsey Global Institute für den gesamten öffentlichen Sektor in Europa auf einen Wert von 250 Milliarden Euro jährlich geschätzt werden (MGI 2011). Um dieses Wertschöpfungspotenzial zu nutzen, müssen jedoch dringend Fragen zur Kostenerstattung und zum Datenschutz geklärt sowie Methoden verbessert werden, um in Zukunft zuverlässige Handlungsempfehlungen aus den gewonnenen Erkenntnissen ableiten zu können.

Literatur

Antes G (2015) Ist das Zeitalter der Kausalität vorbei?. 10. IQWiG – Herbst-Symposium "Real World Data". www.iqwig.de/download/HS15_Antes_Ist_das_Zeitalter_der_Kausalitaet_vorbei.pdf. Zugegriffen: 21.04.2016

Bundesärztekammer (2015) (Muster-)Berufsordnung für die in Deutschland tätigen Ärztinnen und Ärzte – MBO-Ä 1997 – in der Fassung des Beschlusses des 118. Deutschen Ärztetages 2015 in Frankfurt am Main. www.bundesaerztekammer.de/fileadmin/user_upload/downloads/pdf-Ordner/MBO/MBO_02.07.2015.pdf. Zugegriffen: 18.05.2016

Friedman LF (2014) IBM's Watson Supercomputer May Soon Be The Best Doctor In The World. Business Insider Inc. www.businessinsider.com/ibms-watson-may-soon-be-the-best-doctor-in-the-world-2014-4?IR=T. Zugegriffen: 21.04.2016

Langkafel P (2015) Auf dem Weg zum Dr. Algorithmus?. Potenziale von Big Data in der Medizin. In: Aus Politik und Zeitgeschichte (ApuZ) 65(11–12). www.bpb.de/apuz/202246/dr-algorithmus-big-data-in-der-medizin?p=all. Zugegriffen: 21.04.2016

Mardis ER (2010) The $1,000 genome, the $100,000 analysis?. Genome Medicine 2(11), S 84. genomemedicine.biomedcentral.com/articles/10.1186/gm205. Zugegriffen: 21.04.2016

The McKinsey Global Institute (MGI) (2011) Big Data. The next frontier for innovation, competition, and productivity. McKinsey & Company. www.mckinsey.com/~/media/McKinsey/Business%20Functions/Business%20Technology/Our%20Insights/Big%20data%20The%20next%20frontier%20for%20innovation/MGI_big_data_full_report.ashx. Zugegriffen: 21.04.2016

The Swedish Big Data Analytics Network (2013) Big Data Analytics. A Research and Innovation Agenda for Sweden. www.vinnova.se/PageFiles/0/Big%20Data%20Analytics.pdf. Zugegriffen: 21.04.2016

NEUE WEGE DER WERTSCHÖPFUNG UND KOOPERATION

Digitalisierung und neue Geschäftsmodelle

Birgit Buchholz, Leo Wangler

—

Rolle von Clusterinitiativen im Kontext der digitalen Wirtschaft am Beispiel Industrie 4.0

Matthias Künzel, Gerd Meier zu Köcker

3.3.1 Digitalisierung und neue Geschäftsmodelle

Birgit Buchholz, Leo Wangler

Während es in vergangenen Jahren insbesondere in der Medienwirtschaft und im Handel große Veränderungen und eine dramatische Verschiebung von Marktanteilen zugunsten neuer digitaler Geschäftsmodelle gegeben hat, erfasst der beschleunigte digitale Wandel inzwischen nahezu alle Branchen und gesellschaftlichen Bereiche. Dieser bietet umfassende Chancen für Unternehmen, denen es gelingt den Mehrwert der Digitalisierung zu erkennen und für sich zu nutzen. Die Herausforderung besteht in der Auseinandersetzung mit neuen digitalen Technologien, welche die Basis für neue Geschäftsmodelle bilden. Die Digitalisierung führt auch zu einer kontinuierlichen Disruption existierender Geschäftsmodelle, sodass Geschäftsmodell-Innovationen immer wichtiger werden, um die Wettbewerbsfähigkeit zu erhalten oder wieder zu erlangen.

Der beschleunigte digitale Wandel verändert weltweit und branchenübergreifend Märkte, Geschäftsmodelle, Wertschöpfungsketten und Unternehmen. Tradierte Geschäftsmodelle werden durch innovative Konzepte herausgefordert, und neu gegründete, schnell wachsende Start-ups oder etablierte Unternehmen, die bisher in anderen Märkten tätig waren, treten als neue Wettbewerber auf. Beispiele dafür sind Amazon oder ebay, die den stationären Handel unter Druck gesetzt haben – oder PayPal und Google mit Android Pay, die mit neuen Geschäftsmodellen in den Markt für Zahlungsverkehrsdienstleistungen vorgedrungen sind und ihre Erfahrung im Bereich digitaler Prozesse und Datenmanagement mit Bankleistungen verknüpfen.

Das Hervorbringen neuer wie auch die Weiterentwicklung bestehender Geschäftsmodelle, sogenannter Geschäftsmodell-Innovationen, sind im Zuge des digitalen Wandels entscheidend für den Erfolg und das Wachstum der Unternehmen. Eine Geschäftsmodell-Innovation kann sich entweder auf einzelne Geschäftsmodell-Elemente (z. B. Wertangebot, Kanäle, Ertragsmodell), die Kombination der Elemente oder das gesamte Geschäftsmodell beziehen. Ziel von Geschäftsmodell-Innovationen ist, Geschäftsmodell-Elemente so zu kombinieren, dass für Kunden oder Partner auf eine neue Weise Nutzen gestiftet wird und gleichzeitig eine Differenzierung gegenüber Wettbewerbern stattfindet (vgl. Abbildung 3.3.1.1) (Schallmo 2013).

Wesentliche Komponenten für künftige Geschäftsmodell-Innovationen werden insbesondere Cloud-Anwendungen/-Dienste und Datenanalysen sein. Von diesen beiden Trends gehen disruptive Veränderungen aus, die das Potenzial haben, neue

Abbildung 3.3.1.1: Geschäftsmodell-Innovationen: eigene Darstellung in Anlehnung an Schallmo (2013)

Märkte zu schaffen und neue Anforderungen an bestehende Geschäftsmodelle zu stellen. Voraussetzung für Datenanalysen sind neben dem Zugang zu relevanten Daten auch verfügbare Analysekompetenzen und die Nutzung geeigneter digitaler Werkzeuge. Maßgebliche Entwicklungen hierfür werden über die Bereiche künstlicher Intelligenz und „Deep Learning" erfolgen. Im Sinne eines Geschäftsmodells ist mit einem verstärkten Einsatz solcher Werkzeuge in Form von „Software as a Service" (SaaS) zu rechnen. So bietet z. B. Microsoft seit 2016 das Microsoft „Azure Machine Learning Studio" an (Bager und Trinkwalder 2016).

Die Entwicklung digitaler Geschäftsmodelle hat insbesondere davon profitiert, dass viele Anwendungen im Bereich der Informations- und Kommunikationstechnologien (IKT), die einen breiten Nutzerkreis adressieren, die Eigenschaften „zweiseitiger Märkte" aufweisen (Rochet und Tirole 2003). Bekanntestes Beispiel sind die digitalen Suchmaschinen: Diese Plattformen vereinen sowohl die Nachfrager der Suchdienstleistung als auch die Nachfrager, die die Plattform für Werbezwecke nutzen oder die aus der Suchanfrage generierten Daten z. B. für Marktanalysen nachfragen.

In eine ähnliche Richtung lassen sich aktuelle Veränderungsprozesse in traditionell geprägten Branchen wie dem Maschinenbau beobachten: Neben den Nachfragern für die Maschinen im produzierenden Gewerbe wird die Maschine als Plattform oder Schnittstelle auch für Anbieter industrieller Softwareprodukte bedeutend. Durch die digitale Vernetzung der industriellen Produktion steigt die Attraktivität der Maschinen (die dann als Plattform agieren) nicht nur mit der Anzahl der Unternehmen, welche die gleiche Maschine nachfragen, sondern auch mit der Anzahl der Anwendungen, die mit der Maschine kompatibel sind (Zweiseitigkeit des Marktes). Durch die generierten Daten lassen sich zusätzliche Produkte und Dienstleistungen anbieten. Ein erhebliches Potenzial zusätzlicher Wertschöpfung haben beispielsweise Remote-Service-Konzepte zur Unterstützung der Instandhaltung und Prozessoptimierung sowie Konzepte, Instrumente und Services zur Kundenintegration.

Die Veränderungen durch die fortschreitende Digitalisierung führen zu einem Wandel der etablierten und bisher noch funktionierenden Geschäftsmodelle in traditionell geprägten Branchen wie Maschinenbau, Logistik, Gesundheit, Automobil und Finanzwirtschaft. So rückt in der Automobilbranche beispielsweise neben dem Verkauf von Fahrzeugen der Verkauf von Mobilität als Dienstleistung in den Fokus. Ermöglicht wird die vereinfachte Inanspruchnahme der etablierten Car-Sharing-Dienstleistungen durch digitale Technologien für die Fahrtenbucherfassung in Echtzeit sowie die automatisierte Abrechnung, die einfache Buchung über das Smartphone mittels Apps und die automatisierte Zugangskontrolle der Fahrzeuge. Das Auto wird vom Kunden eigenständig mit Empfangsort und Nutzungsdauer über das Internet gebucht. Der Preis für diese Car-Sharing-Dienstleistung setzt sich aus der gebuchten Zeit sowie den gefahrenen Kilometern zusammen und wird automatisch erfasst und nach der Nutzung des Autos in einer Rechnung dem Kunden direkt digital zugänglich gemacht oder zugestellt. Dieses Geschäftsmodell wurde erst durch den Einsatz von IKT für die Kunden attraktiv, da sowohl die Suche nach den Autos mittels App auf dem Smartphone als auch die Abrechnung über das Internet die Buchung für den Kunden extrem vereinfacht haben.

Digitale Technologien erlauben schon seit mehreren Jahren, große Datenmengen über Produktionsprozesse, Lieferanten und Kunden zu erheben, zu verarbeiten und auszuwerten. Kundenwünsche werden hierdurch nicht nur transparenter, sondern können inzwischen auch präziser prädiktiert werden. Marktentwicklungen werden hierdurch noch genauer prognostiziert, was das Management von Produktionsprozessen erleichtert, die zunehmend durch den Einsatz künstlicher Intelligenz automatisiert werden. Durch die fortschreitende Vernetzung der Wertschöpfungsschritte lassen sich Lieferketten besser synchronisieren, Produktionszeiten kürzen und Innovationszyklen beschleunigen. Diese Faktoren haben bereits zu Veränderungen der Wertschöpfungsketten geführt. Aus den klassischen zeitversetzten Wertschöpfungsketten mit erkennbaren Grenzen zwischen unternehmensinternen und -externen Bereichen entstehen dynamische Wertschöpfungsnetzwerke. Kommunikation und ständiger Austausch zwischen Produktionseinheiten, Unternehmensabteilungen sowie mit Lieferanten und Kunden flexibilisieren die Wertschöpfungsketten (Roland Berger Strategy Consultants und BDI 2015). Um im globalen Wettbewerb erfolgreich zu sein, gewinnen kurze Produktzyklen, kleine Losgrößen und eine möglichst individualisierte Produktion eine immer stärkere Bedeutung. Ein noch effizienteres und schnelleres Zusammenarbeiten innerhalb und zwischen den Unternehmen wird zum kritischen Erfolgsfaktor künftiger Geschäftsstrategien. Die digitale Durchdringung der Wertschöpfungskette sowohl horizontal als auch vertikal geht einher mit der Möglichkeit, existierende, bisher integrierte, Geschäftsprozesse auszulagern oder neue Geschäftsprozesse zu schaffen. Daten aus dieser digitalen Durchdringung bieten die Möglichkeit, Geschäftsprozesse zu optimieren und zu erweitern sowie neuartige Produkte und Services zu entwickeln und anzubieten.

Im Zuge der Digitalisierung von Wertschöpfungsketten und Kunden-/Anbieter-Konstellationen müssen sich Unternehmen den wachsenden Service-Anforderungen stellen. Hinzu kommt, dass in den kommenden Jahren die Bedeutung von Themen wie Produktlebenszyklusverfolgung, Open-Innovation, individualisierte/kundenspezifische Produkte und digitale Serviceleistungen weiter steigen wird. Dies kann beispielsweise inkrementell durch die Kommunikation nach außen erfolgen, indem der Kunde künftig kostengünstig individualisierte Produkte und Dienstleistungen angeboten bekommt und über die digitalen Kommunikationswege die Produktgestaltung selbst beeinflussen kann. Die vorbeugende Instandhaltung (Predictive Maintenance) ist ein weiterer Werttreiber in der Industrie, wo mittels intelligentem Datenaustausch und Datenanalyse neue Geschäftsmodelle entstehen. Durch die Auswertung von Sensordaten in Echtzeit werden genaue Vorhersagen zum optimalen Wartungszeitpunkt und damit die Vermeidung von Fehlersituationen ermöglicht. Dies führt zu einer Steigerung des Ertrags von Maschinen. Entscheidend für die Wettbewerbsfähigkeit der Unternehmen ist, dass diese ihre Chancen durch die digitalen Technologien nutzen und ihre Geschäftsmodelle auf die neuen Gegebenheiten anpassen.

Für den Standort Deutschland ist die Frage relevant, wie es den Unternehmen gelingt, den digitalen Wandel zu vollziehen und gleichzeitig durch Geschäftsmodell-Innovationen zusätzliche Wertschöpfungsanteile zu generieren. Aufgrund einer zunehmenden Dominanz US-amerikanischer Unternehmen im Bereich der Digitalisierung stellt dies eine privatwirtschaftliche wie auch politische Herausforderung dar. Beispielsweise übersteigt die Marktkapitalisierung im Bereich der Internetwirtschaft und IKT in den USA die in Deutschland um ein Vielfaches (4.551 Milliarden Euro in den USA versus 331 Milliarden Euro in Deutschland) (EFI 2016, S 60). Daraus sollte aber nicht der Schluss gezogen werden, dass Unternehmen aus Deutschland und Europa, die sich auf datengetriebene Geschäftsmodelle im industriellen Bereiche spezialisieren, nicht auch in der Lage sind trotz der starken Konkurrenz aus dem Ausland neu entstehende Geschäftsfelder zu besetzen. Voraussetzung für Geschäftsmodell-Innovationen durch die Digitalisierung ist jedoch die Schaffung einheitlicher Standards für künftige Systemschnittstellen und Informationsarchitekturen. Dabei ist es weniger entscheidend, wie die Standards sich im Markt etablieren, ob als De-Jure- oder De-Facto-Standards, sondern vielmehr wie schnell die Standards eine Marktdurchdringung erreichen. Unternehmenskooperationen sind wichtig um De-facto-Standards zu realisieren. Der gemeinsame Kauf des Kartendienstes HERE der großen Autohersteller ist nur ein Beispiel hierfür (z. B. Accenture 2015).

Die Fähigkeit zur Auswertung und wirtschaftlichen Nutzung großer Datenmengen ist als eine Schlüsselkompetenz zu verstehen, um von den laufenden Veränderungsprozessen zu profitieren. Es besteht weiterhin Aufholbedarf von Seiten der Unternehmen aus Deutschland (EFI 2016, S 60–64). Die Dominanz amerikanischer Unternehmen auf diesem Gebiet hat viele Ursachen. So war es in der Vergangenheit für Unternehmen aus Deutschland aufgrund bestehender Unsicherheiten beim Datenschutz schwierig, datengetriebene Geschäftsmodelle zu etablieren, die in anderen Ländern erfolgreich Anwendung finden. Die Effekte der Anfang 2018 in Kraft tretenden EU-Datenschutzgrundverordnung, die für nicht in der EU niedergelassene Unternehmen das Marktortprinzip vorsieht, bleiben abzuwarten. Was in der Diskussion um den Datenschutz und den unterschiedlichen Umgang von amerikanischen und deutschen Unternehmen mit diesem Thema zu kurz kommt, sind die Geschäftsmodell-Innovationen oder ein möglicher Mehrwert, der durch das Angebot von Datenschutz und „privacacy" für Unternehmen in Deutschland entsteht. Datenschutz und die Bereitstellung von Privatsphäre wird künftig ein gewinnbringendes Element von Geschäftsmodell-Innovationen sein. Die jüngst eingeführte Ende-zu-Ende-Verschlüsselung des Kommunikationsdienstes WhatsApp zeigt, dass Datenschutz auch Bestandteil einer Marketingstrategie sein kann.

Gerade der eher traditionell geprägte Mittelstand kann zu den Gewinnern der Digitalisierung werden, wenn es ihm gelingt, die damit verbundenen Chancen für sich zu nutzen und die Geschäftsmodelle anzupassen. Während in der analogen Welt die

Produktion und Bereitstellung jedes einzelnen Produktes Geld kostet, sind in der digitalen Welt Null-Grenzkosten-Geschäftsmodelle möglich. Einschlägig ist das Beispiel, dass digitale Produkte, wie Musik, Bücher oder Software, beliebig oft über das Internet vertrieben werden können, ohne dass neben dem einmaligen Erstellungsaufwand nennenswerte Mehrkosten entstehen. Für Mittelständler ist es sinnvoll darüber nachzudenken, wie sich ihre analogen Produkte um digitale Dienste erweitern lassen, die zu einem Bruchteil der Gesamtkosten einen vergleichbar hohen Mehrwert für den Kunden bieten können.

Weitere Geschäftsmodell-Innovationen ergeben sich bei der Auseinandersetzung mit den Potenzialen neuer Entwicklungen in der Digitalisierung, z. B. im Bereich der Künstlichen Intelligenz bzw. des Deep Learnings oder mittels der Blockchain-Technik. Letztere ermöglicht als dezentrale Vertrauenstechnologie transparente und sichere Transaktionen zwischen Computern sowie einen erhöhten Schutz vor Datenmanipulation. Da Verifizierbarkeit und Nichtveränderlichkeit von Daten in der Technologie und Architektur verankert sind, ist das Potenzial von Blockchain für die Umsetzung von Smart-Contract-Geschäftsmodellen (intelligente, digitale automatisierte Verträge) groß. Informationen, wie Buchungen und Kaufverträge sowie Transaktionen, wie Zahlungen oder die Einräumung von Nutzungsrechten, lassen sich durch die Blockchain-Technologie eindeutig verifizieren. Das hat zur Folge, dass verwaltende oder beglaubigende Personen oder Organisationen (z. B. eine Bank) für vertragsbedingte Transaktionen nicht mehr benötigt werden. Die dezentral gespeicherten Daten in der Blockchain gehören allen Beteiligten, womit die Wettbewerbsvorteile der großen Player im Netz hinsichtlich datenbasierter Geschäftsmodelle beträchtlich reduziert werden. Die Netzwerkeffekte, die durch den alleinigen Datenzugriff sich für die großen Player bisher ergeben, werden untergraben und befördern eine Demokratisierung von Daten (vgl. Ramge 2016).

Die Entscheidungsträger in den Organisationen sind gefordert, die aus dem digitalen Wandel resultierenden Veränderungen an die Kompetenzanforderungen von Mitarbeitern zu erkennen und zu adressieren. Dies gilt für die Aus- und Weiterbildung auf unterschiedlichen Ebenen. Gefragt sind eine erhöhte Sensibilität für Veränderungsprozesse auf allen Ebenen und ein zunehmendes Denken in digitalen Geschäftsmodellen auf der Managementebene. Hierzu ist ein Wandel in der Geschäftskultur des eher traditionell geprägten Mittelstands erforderlich. Die Schwierigkeit eines kulturellen Wandels zeigt die Vielzahl an Unternehmen, die in der Vergangenheit zwar technologisch mit zu den Besten gehörten, jedoch Entwicklungen verpasst haben, um rechtzeitig neue Geschäftsmodelle zu etablieren. Beispiele für einstige namhafte Branchenführer, die durch die Digitalisierung ihre Geschäftsgrundlage verloren haben, sind z. B. der Brockhaus-Verlag, der Fotokonzern KODAK oder der Schreibmaschinenhersteller AEG Olympia (Gassmann et al. 2013).

Ungeachtet der bestehenden Herausforderungen bietet der digitale Wandel umfassende Chancen für die Unternehmen, denen es gelingt, den digitalen Wandel für sich zu nutzen. Zentral ist die Erkenntnis, dass die Entwicklung digitaler Technologien die Basis für neue Geschäftsmodelle bildet. Die Digitalisierung führt gleichzeitig jedoch auch zu einer kontinuierlichen Disruption existierender Geschäftsmodelle, sodass Geschäftsmodell-Innovationen immer wichtiger werden, um die Wettbewerbsfähigkeit zu erhalten oder wieder zu erlangen.

Literatur

Accenture (2015) Wie die Autoindustrie die Chancen der Digitalisierung richtig nutzt. www.accenture.com/_acnmedia/Accenture/Conversion-Assets/DotCom/Documents/Global/PDF/Industries_18/Accenture-Automobilwoche-Beilage-2015-German.pdf. Zugegriffen: 21.04.2016

Bager J, Trinkwalder A (2016) KI-Werkbank Analysemodelle zusammenklicken mit Microsoft Azure Machine Learning Studio. In: c't 06/2016. Heise Verlag, Hannover, S 136–141

Expertenkommission Forschung und Innovation (EFI) (2016) EFI Gutachten 2016. Gutachten zu Forschung, Innovation und Technologischer Leistungsfähigkeit Deutschlands. www.e-fi.de. Zugegriffen: 21.04.2016

Gassmann O, Frankenberger K, Csik M (2013) Geschäftsmodelle entwickeln. 55 innovative Konzepte mit dem St. Galler Business Model Navigator. www.hanser-elibrary.com/action/showBook?doi=10.3139/9783446437654. Zugegriffen: 21.04.2016

Rochet J-C, Tirole J (2003) Platform Competition in Two-sided Markets. In: Journal of the European Economic Association 1(4), S 990–1029

Roland Berger Strategy Consultants, Bundesverband der Deutschen Industrie e.V. (BDI) (2015) Die digitale Transformation der Industrie. docplayer.org/3573296-Die-digitale-transformation-der-industrie.html. Zugegriffen: 21.04.2016

Ramge T (2016) Albert Wenger im Interview. „Wir haben eine historische Chance". brand eins, Ausgabe 03/2016 – Was Wirtschaft treibt. www.brandeins.de/archiv/2016/das-neue-verkaufen/albert-wenger-im-interview-wir-haben-eine-historische-chance. Zugegriffen: 10.05.2016

Schallmo DRA (2013) Geschäftsmodelle erfolgreich entwickeln und implementieren. Springer Berlin Heidelberg, Berlin/Heidelberg

3.3.2 Rolle von Clusterinitiativen im Kontext der digitalen Wirtschaft am Beispiel Industrie 4.0

Matthias Künzel, Gerd Meier zu Köcker

Clustermanagements respektive Clustermanager sind gute Moderatoren des regionalen und institutionsübergreifenden Innovationsgeschehens und -prozesses. Das Paradigma Industrie 4.0 stellt neue Herausforderungen an die Industrie und damit auch an die Clustermanagements und die Clusterpolitik. Um den produzierenden KMU die Möglichkeiten und Potenziale von Produkten und Methoden der digitalen Wirtschaft nahezubringen, existiert bereits eine Vielzahl von nunmehr kaum noch zu überblickenden Angeboten. Die Praxis zeigt, dass für die Akzeptanz von Unterstützungsangeboten für die KMU Niedrigschwelligkeit, Vertrauen und Passfähigkeit wichtig sind. Genau hier können Clustermanagements ansetzen, da sie in der Regel einen hohen Vertrauensvorschuss seitens ihrer Clusterakteure besitzen und durch ein intensives Agieren deren Bedarfe gut erkennen und kanalisieren. Darauf aufbauend können sie Unterstützungsmaßnahmen identifizieren und konzipieren.

Cluster und vor allem die in ihnen engagierten Unternehmen, Hochschulen und Forschungseinrichtungen sind wesentliche Akteure des Innovationsgeschehens. Gemäß der Begriffsbestimmung nach Michael E. Porter sind Cluster geografische Konzentrationen von miteinander verbundenen Unternehmen und Institutionen in verwandten Branchen, die sich durch gemeinsame Austauschbeziehungen und Aktivitäten entlang einer (mehrerer) Wertschöpfungskette(n) ergänzen (Porter 1990). Gut funktionierende Clusterstrukturen (Clusterinitiativen) erstrecken sich dabei in einem dreidimensionalen Raum. Das impliziert, dass sie sich horizontal bis zu den Herstellern komplementärer Produkte und Dienstleistungen verteilen sowie vertikal über die Vertriebskanäle bis zu den Kunden erstrecken. Von großer Bedeutung ist dabei die geografische Komponente. Das heißt, die regionale und räumliche Nähe der einzelnen Akteure zueinander. Gleichwohl symbolisiert die Konzentration der Akteure lediglich das vorhandene Clusterpotenzial (ebd.). Erst wenn sich die Regionalität günstig auf Arbeits-, Austausch- und Kommunikationsprozesse auswirkt, werden aus dem Clusterpotenzial effektive Clusterstrukturen. Diese Entwicklung kann entscheidend durch ein aktives Clustermanagement beeinflusst werden. Clustermanagements respektive Clustermanager sind gute Moderatoren des regionalen und institutionsübergreifenden Innovationsgeschehens und -prozesses. Jüngste Ergebnisse zeigen, dass Clusterinitiativen, die auf starken Clustern basieren, besondere wirtschaftliche Auswirkungen generieren können (Ketels und Protsiv 2013).

Clusterinitiativen haben sich weltweit als Werkzeug der modernen Innovations- und Industriepolitik gerade für die Zielgruppe KMU bewährt (Buhl und Meier zu Köcker 2012). Sie sind oftmals wichtige Innovationstreiber und helfen gerade KMU in einem sich schnell wandelnden Umfeld, wettbewerbsfähig zu bleiben (Künzel et al. 2015). Das Paradigma Industrie 4.0 stellt – branchenabhängig in unterschiedlichem Maß – neue Herausforderungen an die Industrie und damit auch an die Clustermanagements und die Clusterpolitik. Was dieses in der Praxis gegenwärtig und in den kommenden Jahren bedeutet, soll an dieser Stelle aufgezeigt werden. Grundlage für die Trendanalyse ist eine Umfrage unter den mit dem Qualitätslabel „Cluster-Exzellenz Baden-Württemberg" ausgezeichneten Clusterorganisationen zu Fragestellungen im Kontext Digitale Wirtschaft und Industrie 4.0 (Künzel und Meier zu Köcker 2015). Auch wenn die Anzahl von acht Clusterinitiativen als statistische Grundgesamtheit sicherlich vergleichsweise gering ist, so sind die inhaltlichen Schwerpunkte der betreffenden Cluster ein Spiegelbild der regionalen Wirtschaftsschwerpunkte Baden-Württembergs und umfassen sowohl Cluster aus der digitalen Industrie als auch Cluster aus dem klassischen produktionstechnischen Umfeld. Außerdem stehen sie stellvertretend für etwa 2.000 Unternehmen und mehr als 100 Forschungs- und Entwicklungseinrichtungen.

Die Digitalisierung der Produktion führt zu signifikant veränderten bzw. neuen Geschäftsmodellen

Die Mehrzahl der Clustermanagements erwarten bei ihren Mitgliedern Änderungen bestehender Geschäftsmodelle, die je nach relevanter Branche unterschiedlich stark ausfallen werden. Erwartet werden vor allem das Aufkommen neuer technischer und IKT-basierter Dienstleistungen (Post-sales-Leistungen wie Verfügbarkeitsanalysen, Predictive Maintenance oder virtual-reality-basierte Leistungen) sowie eine (horizontal) verlängerte Wertschöpfungskette. Hier dürfte sich im Herstellungsprozess auch die Schlüsselstellung des Entwurfs (Engineering) auswirken, wenn kundenspezifische Produkte („Losgröße 1") zunehmende Verbreitung finden. Langfristiges Ziel ist der digitale Schatten des Produktes und der Fertigungsanlage, der die Simulation aller Wertschöpfungsschritte sowie ein zeitnahes Feedback über alle Stufen der Wertschöpfung ermöglicht.

Große Unternehmen haben das Thema im Griff – vor allem produzierende KMU benötigen Unterstützung

Eine Schlüsselfrage ist die gegenwärtige Position der industriellen Clustermitglieder zu Industrie 4.0. Fast alle Clustermanagements attestieren Großunternehmen und Vertretern des etablierten (Groß-)Mittelstands, das Thema aktiv zu verfolgen und voran zu treiben. An dieser Stelle seien Unternehmen wie FESTO genannt. Knapp die Hälfte

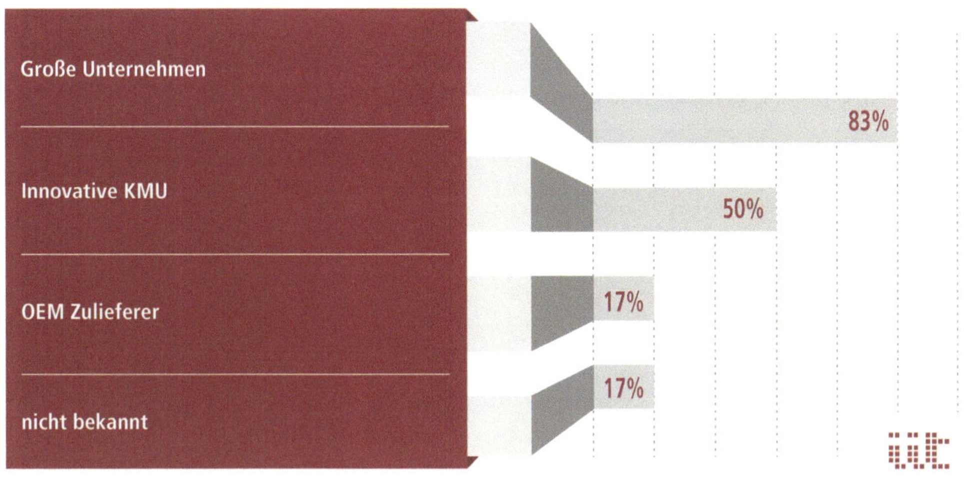

Abbildung 3.3.2.1: Umfrage unter Clustermanagements: Nennung von Akteursgruppen, die bereits im Kontext Industrie 4.0 aktiv sind (Datenquelle: Künzel et al. 2015)

der Clustermanagements bestätigen weiterhin, dass innovative KMU mit Bezug zum Themenfeld durchaus in Industrie 4.0 aktiv sind. Darunter sind KMU aus Segmenten, für die Methoden oder Produkte der digitalen Wirtschaft potenziell neue Märkte oder Geschäftsfelder eröffnen können (IKT-Wirtschaft, Ausrüster für Automatisierungstechnik etc.). In einem Fall werden OEM-Zulieferer als bereits aktiv genannt. Klassische (produzierende) KMU dagegen verhalten sich vergleichsweise passiv. Insgesamt bestätigen die Antworten das Bild, das sich auch im informellen Dialog mit den Akteuren oder in anderen Aktivitäten in diesem Kontext zeigt (Abbildung 3.3.2.1).

Fachkräftemangel und Datensicherheit stellen wesentliche Risikofaktoren aus Sicht der Clusterakteure dar

Die Clustermanagements thematisieren verschiedene Risiken beim Übergang zur digitalen Wirtschaft, die (unter Berücksichtigung der regionalen Wirtschaftsstruktur in Baden-Württemberg) klare Abstufungen und Herausforderungen erkennen lassen. Herausragend ist das Thema Fachkräfte, unter dem sowohl der notwendige Weiterbildungsbedarf (gerade gewerblicher Arbeitnehmer) und die Verfügbarkeit neuer, themenbezogen qualifizierter Arbeitskräfte als auch die Risiken der Vernichtung von Arbeitsplätzen (in der etablierten Industrie) subsummiert werden (vgl. Botthof und Hartmann 2015). An zweiter Stelle steht bereits das Thema Datensicherheit (Abbildung 3.3.2.2). An dritter Stelle, aber mit vergleichsweise geringer Relevanz, steht das Risiko, dass KMU oder Zulieferer allgemein den Anschluss an die geänderten Wertschöpfungsketten verlieren. Die Themen Fachkräfte (Mensch und Arbeit)

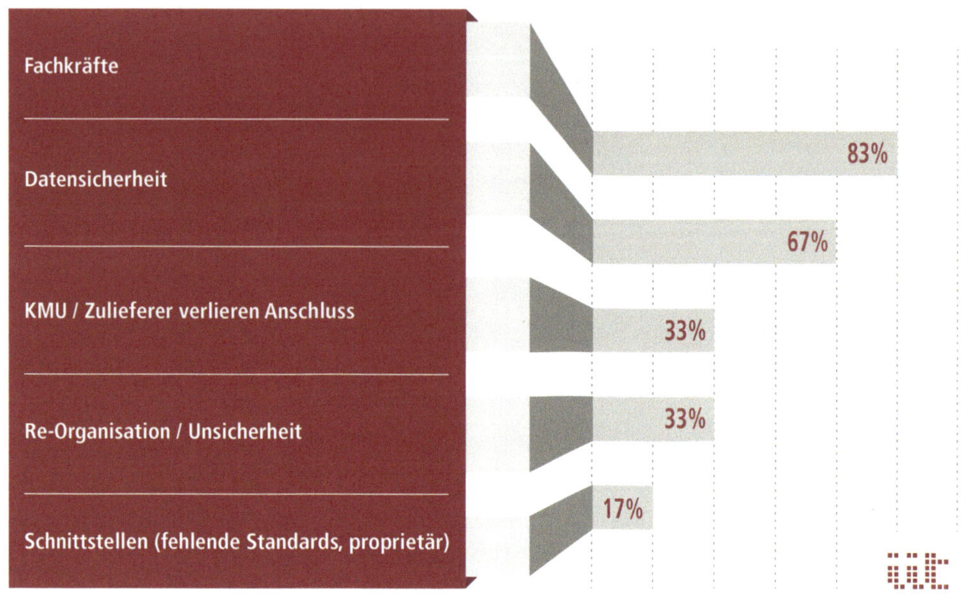

Abbildung 3.3.2.2: Umfrage unter Clustermanagements: Nennung von Risiken beim Übergang zu Industrie 4.0 (Datenquelle: Künzel et al. 2015)

und Datenschutz (als Teil von Sicherheit) wurden auch durch die Plattform Industrie 4.0 als Schlüsselherausforderungen benannt.

Migration von Industrieausrüstungen könnte eine praktikable Antwort für den produzierenden Mittelstand sein

Bei der Umfrage wurde auch das Thema Migration bestehender Industrieausrüstungen untersucht. Während Forschungseinrichtungen und auch große Unternehmen eher kürzere Investitionszyklen bei ihren Produktionsausrüstungen aufweisen und somit künftig Industrie 4.0-kompatible Maschinen und Anlagen anschaffen dürften, sind bei vielen produzierenden KMU längere Investitionszyklen gängig. Das gilt besonders im Bereich von Spezialmaschinen, nicht ständig genutzten Maschinen oder sehr großer Maschinen. So sind bei Schwerwerkzeugmaschinen (z. B. für die Fertigung von Generatorbauteilen) Mechanik-Standzeiten von 30 bis 50 Jahren keine Seltenheit. Bereits im Zuge der Einführung von Industrie 3.0, d. h. der Einführung automatischer Steuerungen in das Produktionsumfeld, sind solche Maschinen entsprechend auf- oder umgerüstet worden (Retrofit).

Es ist davon auszugehen, dass die Migration erheblicher Teile der bestehenden Produktionstechnikparks gerade in KMU auf Industrie 4.0-Fähigkeit erfolgen wird. Die

Durchführung solcher Migrationen (Retrofit 4.0) dürfte für Maschinen- und Anlagen-bauer und deren Zulieferer (u. a. Hersteller von vernetzbarer Sensorik, entsprechend ausgelegten Steuerungen oder Middleware) auf absehbare Zeit ein interessantes Geschäftsmodell werden. Gleichzeitig ermöglicht diese Vorgehensweise den produ-zierenden KMU, ohne Überlastung ihres Investitionsbudgets, den Anschluss an das Paradigma Industrie 4.0 zu behalten.

Die Ergebnisse zeigen, dass das Thema als sehr wichtig angesehen wird und bestäti-gen damit das am Eingang des Abschnitts beschriebene Szenario. Allerdings ist aus Einzelgesprächen zu erkennen, dass hierzu noch Ideen für Servicekonzepte bei den Clustermanagements gesucht werden.

Cross-Clustering und Informationsgenerierung sind wichtige Services seitens der Clustermanagements

Die Clustermanagements sind gefordert, den hohen allgemeinen Informationsbe-darf sowie Anfragen nach konkreten Beispielfällen (Good Practice unter Berücksich-tigung der Begriffswelten des produzierenden Gewerbes und der jeweiligen Bran-chen) zu decken. Eine neue Qualität wird beim Agieren über Branchengrenzen hin-weg erforderlich. Cross-Clustering wird quasi zum Pflichtprogramm. Neben dem Cross-Clustering wird die Generierung nichttechnischer Informationen ebenfalls als sehr wichtig angesehen. Das gilt insbesondere für die Spezialthemen IT-Sicherheit und Recht. Dabei handelt es sich um Themenstellungen, die ein Clustermanage-ment in der Regel sehr gut durch die Hereinnahme externer Expertise erfolgreich adressieren kann.

Seitens der KMU wird ein hoher und diversifizierter Informationsbedarf im techni-schen und nichttechnischen Bereich artikuliert. Hier ist das Clustermanagement gefragt, aus diesem häufig diffusen Informationsbedarf konkrete Bedarfe abzuleiten. Weiterhin wird Unterstützung in den Bereichen IT-Sicherheit und Fachkräfte nachge-fragt. Der gerade für die Zukunftssicherheit von Investitionen oder Neuentwicklun-gen bei KMU notwendige Standardisierungsvorlauf ist aktuell kein Thema für Clus-termanagements. Da dieser Sachverhalt eher auf nationaler und internationaler Ebene gelöst werden muss, ist u. a. das Bundesministerium für Wirtschaft und Ener-gie stark engagiert.

Die Clustermanagements fühlen sich unterschiedlich gut auf die Herausfor-derungen ihrer Mitglieder vorbereitet

Die aufgezeigten Herausforderungen werden von den Clustermanagements gegen-wärtig unterschiedlich stark aufgegriffen. An der Spitze der Aktivitäten steht die Kooperation mit anderen Clusterorganisationen (Cross-Clustering), um gemeinsame

Abbildung 3.3.2.3: Prozessmodell „Neue Clusterservices für Industrie 4.0"

Lösungsansätze zu finden. Die nächsthäufig genannten Maßnahmen seitens der Clustermanagements sind Aktivitäten wie Information, clusterinterne Projektdefinition sowie Aus- und Weiterbildung.

Um den produzierenden KMU die Möglichkeiten und Potenziale von Produkten und Methoden der digitalen Wirtschaft nahezubringen, existiert bereits eine Vielzahl von nunmehr kaum noch zu überblickenden Angeboten. Die Praxis zeigt, dass für die Akzeptanz von Unterstützungsangeboten für die KMU Niedrigschwelligkeit, Vertrauen und Passfähigkeit wichtig sind. Genau hier können Clustermanagements ansetzen, da sie in der Regel einen hohen Vertrauensvorschuss seitens ihrer Clusterakteure besitzen und durch ein intensives Agieren die Bedarfe ihrer Clusterakteure gut kanalisieren können. Dadurch kennen die Clustermanagements auch die konkreten Bedarfe ihrer Clusterakteure und können passgenaue Unterstützungsmaßnahmen identifizieren oder konzipieren. Für die Entwicklung neuer Services kann das dreistufige Strategieentwicklungsmodell angewendet werden (Abbildung 3.3.2.3).

Die konkrete Ausgestaltung der Services ist die Aufgabe der einzelnen Clustermanagements, weil diese die jeweiligen Branchenbesonderheiten am besten berücksichtigen können. Analysiert man die industrie- und innovationspolitischen Herausforderungen, vor denen gerade KMU im Zuge der Umstellung zur digitalen Wirtschaft stehen, lassen sich drei Stränge erkennen:

- Beratungs- und Analysebedarf (Einfluss auf Geschäftsmodelle, welcher Teil des heutigen Geschäfts bietet bei einer Umstellung auf Konzepte der digitalen Wirtschaft die meisten Mehrwerte, welcher Weiterbildungsbedarf besteht etc.)

- kleinteilige monetäre Unterstützung (aufbauend auf Beratung, Vorbilder schaffen, existierende Fördermöglichkeiten nutzen, z. B. Vouchermodell etc.)

- Weiterbildungsangebote

Monetäre Unterstützung, d. h. Förderprogramme, sind ein klassisches Unterstützungsmittel der öffentlichen Hand. Das Voucherkonzept hat sich dabei gerade als niedrigschwelliges Angebote bewährt (Närfelt 2013).

Der artikulierte Beratungsbedarf ist eng mit den Themen Vertrauen und „Stallgeruch" verzahnt. Das gilt vor allem vor dem Hintergrund, dass die eigentlichen Wertschöpfungsprozesse des betreffenden Unternehmens im Fokus der Beratung stehen. Im Gegensatz zu Themen wie Energieeffizienz bedeutet diese Beratungssituation, einem Externen einen tiefgreifenden Einblick in die Kernkompetenzen eines Unternehmens zu geben (und dabei auch mögliche Schwächen offenzulegen). Genau diesen Vertrauensvorschuss können Clustermanagements in idealer Weise mitbringen. Sie stehen aktuell vor der Herausforderung, ihre Mitglieder bei der breiten Verankerung der digitalen Methoden in der Industrie und ihren Wertschöpfungsstrukturen zu unterstützen. Aus der Analyse ist klar geworden, dass sie dafür in eine neue Rolle wachsen und neue Clusterservices entwickeln müssen. Der Begriff „Netzwerker" erhält eine neue Dimension. Digitale Wirtschaft muss in den Clustermanagements selbst verstanden und gelebt werden.

Literatur

Botthof A, Hartmann EA (Hrsg) (2015) Zukunft der Arbeit in Industrie 4.0. Springer Berlin Heidelberg, Berlin/Heidelberg

Buhl C, Meier zu Köcker G (2012) Nachhaltigkeit von Netzwerken im Kontext der zukünftigen Förderung. In: Clusterpolitik – Quo Vadis. Fraunhofer-Verlag, Stuttgart, S 97–117

Ketels C, Protsiv S (2013) Clusters and the New Growth Path for Europe. WWWforEurope Working Paper, No. 14. WIFO, Vienna

Künzel M, Meier zu Köcker G, Köhler T (2015) Cluster und Innovationen – Cluster-Initiativen als Innovationstreiber. ClusterAgentur Baden-Württemberg, Stuttgar/Berlin

Künzel M, Meier zu Köcker G (2015) Werkstattpapier: Industrie 4.0 – Die Rolle von Cluster-Initiativen im Wandel der Wertschöpfungsketten. www.clusterportal-bw.de/uploads/tx_news/Werkstattpapier_Industrie_4_0_web__3_.pdf. Zugegriffen: 15.03.2016

Närfelt KH (2013) Improving Innovation Support to SMEs. Enterprise Ireland (IE), FFG (AU), Agency NL (NL), Tekes (FI), Technology Strategy Board (UK) and Vinnova (SE), Stockholm

Porter ME (1990) The Competitive Advantage of Nations. Free Press, New York

Open Access Dieses Kapitel wird unter der Creative Commons Namensnennung 4.0 International Lizenz (http://creativecommons.org/licenses/by/4.0/deed.de) veröffentlicht, welche die Nutzung, Vervielfältigung, Bearbeitung, Verbreitung und Wiedergabe in jeglichem Medium und Format erlaubt, sofern Sie den/die ursprünglichen Autor(en) und die Quelle ordnungsgemäß nennen, einen Link zur Creative Commons Lizenz beifügen und angeben, ob Änderungen vorgenommen wurden.

Die in diesem Kapitel enthaltenen Bilder und sonstiges Drittmaterial unterliegen ebenfalls der genannten Creative Commons Lizenz, sofern sich aus der Abbildungslegende nichts anderes ergibt. Sofern das betreffende Material nicht unter der genannten Creative Commons Lizenz steht und die betreffende Handlung nicht nach gesetzlichen Vorschriften erlaubt ist, ist für die oben aufgeführten Weiterverwendungen des Materials die Einwilligung des jeweiligen Rechteinhabers einzuholen.

4 Anhang

4.1 Autoren

Dr. Jens Apel

Jens Apel studierte Kognitionswissenschaft und promovierte 2010 in Psychologie. Während der Promotion und in der nachfolgenden Zeit als wissenschaftlicher Mitarbeiter forschte er neben der Lehre vor allem in den Bereichen Psycholinguistik und visuelle Verarbeitung. Seit 2013 arbeitet er als wissenschaftlicher Berater in der VDI/VDE-IT u. a. im Auftrag des Referats Demografischer Wandel; Mensch-Technik-Interaktion des BMBF. Seine Arbeitsschwerpunkte liegen hier vor allem auf den Gebieten innovativer Lehr- und Lernsysteme sowie adaptiver Technologien.

Dr. Wenke Apt

Wenke Apt studierte internationale Betriebswirtschaftslehre, Public Policy und Demografie. Ihre Dissertation verfasste sie am Max-Planck-Institut für demografische Forschung über die sicherheitspolitischen Implikationen des demografischen Wandels. Sie verantwortet im Institut für Innovation und Technik (iit) das Themenfeld „Arbeit-Technik-Innovation" und ist seit 2011 wissenschaftliche Beraterin im Bereich „Demografischer Wandel und Zukunftsforschung" der VDI/VDE-IT. Neben der fachlichen Begleitung nationaler und europäischer Fördermaßnahmen beschäftigt sie sich derzeit vorrangig mit dem Lernen und Arbeiten in einer digitalisierten Welt.

Birgit Buchholz

Birgit Buchholz ist als Projektleiterin Coaching und Qualifizierung im Gründerwettbewerb – Digitale Innovationen des BMWi verantwortlich für die Beratung und das Coaching sowie die Konzeption und Durchführung von Qualifizierungsmaßnahmen für technologieorientierte Unternehmensgründer. Im Rahmen der Begleitforschung des BMWi-Programms AUTONOMIK für Industrie 4.0 unterstützt Birgit Buchholz als betriebswirtschaftliche Beraterin die geförderten Projekte bei der Entwicklung von Geschäftsmodellen und Verwertungsstrategien. Im Rahmen dieser Tätigkeiten war sie maßgeblich an der Entwicklung von SAMPRO, einem Software-Instrument zur strukturierten (Weiter-)Entwicklung von Geschäftsmodellen, beteiligt.

Oliver Buhl

Oliver Buhl studierte Physik auf dem Gebiet der magnetisch dünnen Schichten an der Universität Kassel mit den Schwerpunkten Halbleiterphysik, elektrische Energieeffizienz, Erneuerbare Energien, Energiewirtschaft und Marketing mit Abschluss im Jahr 2010. Seit 2011 ist Oliver Buhl wissenschaftlicher Mitarbeiter der VDI/VDE-IT. Er ist derzeit stellvertretender Projektleiter und technischer Bearbeiter im Förderprogramm „Schaufenster Elektromobilität", einer Initiative der Bundesregierung. Im Auftrag des Umweltbundesamtes arbeitet er an einer Konzeptstudie zur Internet-of-Things-gestützten Entwicklung technischer Infrastrukturen am Beispiel Schwerins mit.

Dr. Anne Dwertmann

Anne Dwertmann studierte Biomedical Science und promovierte in der molekularen Krebsforschung. Seit 2013 arbeitet sie in der VDI/VDE-IT als wissenschaftliche Mitarbeiterin u.a. im Auftrag für das Referat Gesundheitswirtschaft im BMBF für den Bereich Pharmaforschung und -entwicklung in Wissenschaft und Wirtschaft. Darüber hinaus ist sie Projektleiterin für die Begleitforschung der BMBF-Fördermaßnahme „Forschungscampus – öffentlich-private Partnerschaft für Innovationen".

Angelika Frederking

Angelika Frederking studierte Politikwissenschaften, Neuere und Neueste Geschichte und Skandinavistik an der Humboldt-Universität zu Berlin und der Århus Universitet. Sie war zehn Jahre in der Presse- und Öffentlichkeitsarbeit tätig, u.a. fünf Jahre leitend im Thüringer Ministerium für Bau, Landesentwicklung und Verkehr. Sie beschäftigt sich in der VDI/VDE-IT seit 2011 mit den Themen Demografischer Wandel und schrumpfende Regionen, Innovationen für die alternde Gesellschaft, Wissenschafts-Praxis-Transfer, mit Bürgerbeteiligungsformaten sowie Smart-City- und Smart-Region-Ansätzen.

Sabine Globisch

Sabine Globisch studierte Betriebswirtschaftslehre an der FU Berlin und Wissenschaftskommunikation an der TU Berlin. Seit 2000 ist sie als wissenschaftliche Mitarbeiterin in der VDI/VDE-IT tätig. Zwischen 2000 und 2011 hat sie die Vervollständigung der Bildungskette in der Mikrotechnologie betreut und Studien zum Qualifikationsbedarf kleiner und mittlerer Unternehmen durchgeführt. Darüber hinaus gehört bis heute die Forschung zur Veränderung des Forschungsraums und des Hochschulsektors zu ihren Arbeitsfeldern. Insbesondere die Professionalisierungsstrategien der Hochschulen und der Transformationsprozess von Wissen in Wirtschaft in seiner Abhängigkeit von der Gestaltung der Schnittstellen und Übergänge zwischen den Systemen stehen dabei im Fokus.

Dr.-Ing. Anett Heinrich

Anett Heinrich arbeitet als wissenschaftliche Beraterin in der VDI/VDE IT auf dem Gebiet der Elektroniksysteme. Ihr Studium der Angewandten Naturwissenschaften an der TU Bergakademie Freiberg hat sie im Jahr 2006 abgeschlossen und anschließend an der Fakultät Elektrotechnik der TU Dresden promoviert. Ihre Fachkompetenzen liegen auf dem Gebiet der Halbleiterfertigung, auf optischen Charakterisierungsmethoden, Sensorik und Industrie 4.0. Zu ihren Arbeitsschwerpunkten zählen die Erstellung von Fachgutachten, die Projektbetreuung für das BMBF, die Begutachtung von Anträgen für nationale und internationale Vorhaben sowie die Organisation und Betreuung der Bekanntmachung Medizinelektronik.

Michael Huch

Michael Huch ist seit 1998 für die VDI/VDE-IT tätig. Er hat zahlreiche deutsche und europäische Vorhaben zu Forschungs- und Innovationsprogrammen betreut, z. B. das gemeinsam von europäischen Ländern und der EU getragene Programm „Ambient Assisted Living" konzeptionell und organisatorisch aufgebaut. Das BMBF unterstützt er z. B. bei der Umsetzung der Hightech-Strategie. Zuletzt betreute er die Geschäftsstelle der Internationalen Expertenkommission zur Evaluation der Exzellenzinitiative.

Dr. Heiko Kempa

Heiko Kempa wurde von der Universität Leipzig auf dem Gebiet der Festkörperphysik promoviert und war in der organischen und gedruckten Elektronik sowie in der Dünnschicht-Photovoltaik als Wissenschaftler und Ingenieur in der Industrie sowie in Forschungseinrichtungen tätig. Seit 2014 ist er wissenschaftlicher Mitarbeiter in der VDI/VDE-IT und betreut im Auftrag des BMBF Projekte in dem Bereich Elektronik- und Mikrosysteme. Darüber hinaus wirkt er in der „StrategieWerkstatt: Industrie der Zukunft" für das Sächsische Staatsministerium für Wirtschaft, Arbeit und Verkehr mit.

Dr. Jochen Kerbusch

Jochen Kerbusch wurde 2009 von der Universität Konstanz in Physik promoviert und ist seit 2015 in der VDI/VDE-IT im Bereich „Elektronik- und Mikrosysteme" als wissenschaftlicher Mitarbeiter tätig, hauptsächlich im Auftrag des Referats Elektroniksysteme; Elektromobilität des BMBF. Seine Themenschwerpunkte liegen im Bereich Sensorik, Mikrosystemtechnik und Halbleiterfertigung, insbesondere im Kontext von Industrie 4.0 und dem Internet der Dinge, sowie Leistungselektronik. Darüber hinaus befasst er sich mit Themen der Energieforschung in Sachsen.

Dr. Stefan Krabel

Stefan Krabel ist promovierter Volkswirt und seit 2013 in der VDI/VDE-IT tätig. Die Schwerpunkte seiner Arbeit sind die Wissenschafts-, Bildungs- und Arbeitsökonomik. In seinen Studien beschäftigte er sich u.a. mit Arbeitsmärkten von Wissenschaftlern und Wissenschaftlerinnen, Wissenstransfer aus der Forschung in die Privatwirtschaft, akademischen Ausgründungen und verhaltensökonomischen Analysen. Seine Studien wurden bereits in renommierten Journalen wie z.B. Journal of Economic Behavior and Organization, Economics Letters und Research Policy publiziert.

Dr. Matthias Künzel

Matthias Künzel studierte Elektrotechnik und provomierte 1997 an der TU Ilmenau am Institut für Prozessmess- und Sensortechnik. Seit 2002 ist er in der VDI/VDE-IT tätig und hat in den vergangenen 15 Jahren vielfältige Erfahrungen in der Innovationspolitik und der Technologieförderung sowohl auf nationaler als auch auf europäischer Ebene gesammelt. Seit 2008 in der Clusterpolitik verankert, konzentriert er sich heute auf die Begleitung von Strategieentwicklungen und die Unterstützung technologieorientierter Innovations- und Transformationsprozesse. Im Rahmen seiner Tätigkeit für das Institut für Innovation und Technik (iit) ist Matthias Künzel Autor einer Reihe von Studien zur Innovations- und Industriepolitik.

Dr.-Ing. Joachim Lepping

Joachim Lepping studierte Elektrotechnik an der TU Dortmund und promovierte dort über Verfahren zur effizienteren Nutzung großer Cloud-Infrastrukturen. In der Münchener Geschäftsstelle der VDI/VDE-IT ist er als Berater für Forschungsprojekte des Bayerischen Staatsministeriums für Wirtschaft und Medien, Energie und Technologie tätig. Darüber hinaus arbeitet er als Berater in Projektträgerschaften für das BMBF. Seine Themenschwerpunkte sind dort die IT-Sicherheit, Kommunikationssysteme und Industrie 4.0. Weiterhin berät er Unternehmen bei der Umsetzung von Pilotanlagen im Bereich Industrie 4.0.

Maxie Lutze

Maxie Lutze studierte Informatik und Human Factors. Bevor sie 2011 als wissenschaftliche Mitarbeiterin in der VDI/VDE-IT begann, arbeitete sie in der Entwicklungszusammenarbeit an digitalen Lernkonzepten für Existenzgründer und forschte als wissenschaftliche Mitarbeiterin am Korean German Institute of Technology in Südkorea zum Thema Internationalisierung von eLearning. In der VDI/VDE-IT ist Maxie Lutze wissenschaftliche Mitarbeiterin und Fachberaterin für Pflegeinnovationen.

Dr. Gerd Meier zu Köcker

Gerd Meier zu Köcker studierte Werkstoffwissenschaften an der TU Berlin und promovierte danach im Bereich Neue Werkstoffe in der Fertigung/Werkstoffwissenschaften. Seit 1999 ist er in der VDI/VDE-IT tätig und leitet seit 2000 den Bereich „Internationale Technologiekooperationen und Cluster". Seine Schwerpunkte liegen im Bereich der regionalen Wirtschafts-, Cluster- und Innovationspolitik sowie Cluster- und Netzwerkmanagement. Die Evaluation von entsprechenden Politiken und Programmen gehört zu seinen Schwerpunkten. Aktuell leitet er das European Cluster Observatory und die ClusterAgentur Baden-Württemberg. Seit 2007 gehört Gerd Meier zu Köcker der Leitung des Instituts für Innovation und Technik (iit) an.

Dr.-Ing. Rainer Moorfeld

Rainer Moorfeld promovierte nach seinem Studium der Elektrotechnik an der TU Dresden im Themenfeld der theoretischen Nachrichtentechnik. Hier forschte er in mehreren DFG- und EU-Projekten zu ultrabreitbandigen, drahtlosen Kommunikationssystemen. Seit 2012 ist Rainer Moorfeld wissenschaftlicher Mitarbeiter im Bereich „Kommunikationssysteme und Mensch-Technik-Interaktion" in der VDI/VDE-IT und dort für den Themenkomplex Kommunikationssysteme verantwortlich.

Kirsten Neumann

Kirsten Neumann verfügt über 15 Jahre internationale Erfahrung im Bereich Erneuerbare Energien. Seit 2011 ist sie in der VDI/VDE-IT u. a. für das Thema Energiewende zuständig. Davor war sie bei der Deutschen Energie-Agentur als Projektleiterin Erneuerbare Energien tätig. Von 2001 bis 2007 arbeitete sie für die United Nations University in Jordanien zum Thema Erneuerbare Energien und Wasser in der Region Mittlerer Osten und Nordafrika, in Japan mit Fokus auf Biodiversitätsthemen, sowie als Policy Analyst für das UNDP in New York. Sie erhielt den MA International Studies der University of London.

Dr.-Ing. Matthias Palzkill

Matthias Palzkill studierte Physikalische Ingenieurwissenschaft an der TU Berlin und promovierte an der Universität Stuttgart über ein Verfahren zum maschinellen Sehen von Industrierobotern. Am Fraunhofer-Institut für Produktionstechnik und Automatisierung IPA entwickelte er roboterbasierte Automatisierungslösungen und leitete deren Markteinführung und Inbetriebnahme in der Produktion. In der VDI/VDE-IT ist Matthias Palzkill als Berater für Forschungsprojekte des BMBF im Bereich der Mensch-Maschine-Schnittstellen tätig und berät Unternehmen bei der Realisierung von Pilotanlagen im Bereich Industrie 4.0.

Dr. Kerstin Reulke

Kerstin Reulke ist seit 2014 als wissenschaftliche Mitarbeiterin im Bereich „Kommunikationssysteme und Mensch-Technik-Interaktion" in der VDI/VDE-IT beschäftigt. Im Anschluss an ihr Studium der Mathematik an der Universität Leipzig und der Promotion an der TU Berlin arbeitete sie mehrere Jahre als Spezialistin für IT-Sicherheit in der Industrie. Hier war sie mit der Entwicklung und Zulassung von hochsicherheitskritischen Geräten und Systemen für Bundes- und Landesbehörden, Regierung sowie Verteidigung betraut.

Sandra Rohner

Sandra Rohner studierte Politikwissenschaften am Otto-Suhr-Institut der FU Berlin und ist seit 2007 in der VDI/VDE-IT als Beraterin tätig. Zu ihren Arbeitsschwerpunkten zählen die Analyse und Entwicklung von Smart-City- und Smart-Region-Ansätzen, die Innovationsforschung und -statistik, Evaluationen von technologie- und innovationspolitischen Maßnahmen sowie Analysen im Bereich Forschungs- und Technologiepolitik. Im Institut für Innovation und Technik (iit) arbeitet Sandra Rohner im Themenfeld SystemInnovation speziell zum Thema Smart Cities.

Dr. Markus Schürholz

Markus Schürholz studierte Physik mit Schwerpunkt moderne Optik und promovierte in der Neurotechnologie zum Thema automatisierte Datenauswertung von Bildgebungsverfahren. Seit 2014 arbeitet er in der VDI/VDE-IT als wissenschaftlicher Mitarbeiter u. a. im Auftrag für das BMBF-Referat Demografischer Wandel; Mensch-Technik-Interaktion im Bereich Interaktions- und Medizintechnologien. Darüber hinaus ist er Gutachter für das EXIST-Gründerstipendium des BMWi.

Uwe Seidel

Uwe Seidel ist als Betriebswirt im Bereich „Zukunftstechnologien und Europa" tätig. Neben den Unterstützungsangeboten für die Transformation von Klein- und Mittelstädten liegen seine fachlichen Schwerpunkte aktuell auf Begleitforschungsprojekten für die Themenfelder Elektromobilität und Industrie 4.0. Weitere Arbeitsschwerpunkte sind die Begutachtung und Begleitung von Gründungsunternehmen zur Umsetzung digitaler Innovationen.

Dr. Inessa Seifert

Inessa Seifert studierte Informatik an der TU Berlin und promovierte anschließend an der Universität Bremen in den Bereichen Künstliche Intelligenz und Raumkognition. Als Post-Doc am DFKI forschte sie an KI-gestützten Verfahren zur Extraktion und Visualisierung von Informationen zu wissenschaftlichen Publikationen in digitalen Bibliotheken. In der VDI/VDE-IT ist sie seit Oktober 2014 für das Querschnittsthema IT-Sicherheit und Softwarearchitekturen im Rahmen der Begleitforschung zum BMWi-Förderprogramm AUTONOMIK für Industrie 4.0 zuständig.

Dr. Eike-Christian Spitzner

Eike-Christian Spitzner wurde 2012 von der TU Chemnitz im Fach Experimentalphysik promoviert. Seine Forschungsschwerpunkte lagen in der chemischen Physik und der Entwicklung neuer Methoden zur Oberflächenanalyse auf der Nanometerskala. Seit 2014 ist er wissenschaftlicher Mitarbeiter in der VDI/VDE-IT im Bereich „Elektronik- und Mikrosysteme" und befasst sich dort im Rahmen einer Projektträgerschaft für das BMBF unter anderem mit dem Themengebiet der Leistungselektronik.

Dr. Leo Wangler

Leo Wangler ist iit-Themenfeldkoordinator zum Schwerpunkt Klima und Energie im Bereich Systeminnovation. Als Innovationsökonom befasst er sich mit strukturellen Veränderungen im Rahmen der zunehmenden Digitalisierung. Neben Unternehmensgründung und -finanzierung liegt sein Interessensschwerpunkt auf den wirtschaftlichen Effekten der Digitalisierung industrieller Produktion (Industrie 4.0) und den damit einhergehenden Auswirkungen, insbesondere auf den Mittelstand.

Dr. Stefan G. Weber

Stefan G. Weber ist Diplom-Informatiker und IT-Sicherheits- und Datenschutzexperte. Ein Schwerpunkt seiner Arbeit liegt auf der privatheitsfreundlichen Technologiegestaltung. Vom IPC, Ontario, Kanada, wurde er auch als „Ambassador for Privacy by Design" ausgezeichnet.

Christine Weiß

Christine Weiß studierte Maschinenbau mit Fachrichtung Biomedizinische Technik an der TU Berlin. Sie beendete ihr Studium 1995 mit Diplom inklusive einer halbjährigen Werkstätigkeit bei Siemens Medical Systems in den USA. Sie sammelte fünf Jahre Industrieerfahrung als medizintechnische Entwicklungsingenieurin bei der Firma B. Braun Melsungen AG. Seit 2000 arbeitet Christine Weiß für die VDI/VDE-IT als wissenschaftliche Mitarbeiterin. Aktuell ist sie stellvertretende Leiterin des Bereichs „Demografischer Wandel und Zukunftsforschung" und arbeitet an der Umsetzung der nationalen Aktivitäten in der Forschungsagenda der Bundesregierung „Das Alter hat Zukunft" mit.

Dr. Steffen Wischmann

Steffen Wischmann ist seit 2013 als Berater im Bereich „Gesellschaft und Innovation" in der VDI/VDE-IT für das Institut für Innovation und Technik (iit) tätig. Dort analysiert er aktuelle wirtschaftliche, wissenschaftliche und politische Entwicklungen in den Bereichen Industrie 4.0, Arbeitssystemgestaltung, Robotik- und Automatisierungstechnologien. Er leitet die fachliche Begleitung von staatlich geförderten FuE-Projekten, die Durchführung von Kurzstudien im Rahmen der Begleitforschung AUTONOMIK für Industrie 4.0 und vertritt das iit im VDI/VDE-GMA Fachausschuss 7.22 „Arbeitswelt Industrie 4.0".

Prof. Dr. Volker Wittpahl

Volker Wittpahl leitet seit 2016 das Institut für Innovation und Technik (iit). Nach dem Studium der Mikroelektronik in Deutschland und Singapur sammelte er Industrieerfahrungen in den Bereichen Technologie-Marketing sowie Innovationsmanagement von Leistungselektronik für die Automobilbranche im Philips Konzern. Mit seinem Wechsel zu Philips Design nach Eindhoven (NL) wurde er einer der Entwicklungsverantwortlichen im konzerneigenen interdisziplinären Think Tank. Dort entwickelte er aus den beobachteten Technologie-, Markt- und sozio-kulturellen Trends neue Produkte, Dienste und Geschäftsfelder für interne und externe Industriekunden. Seit 2014 ist Volker Wittpahl Professor an der Universität Klaipeda (LT), wo er das Baltic Innovation Center of Energy-efficient Systems (BICES) mitgegründet hat und deutsch-baltische Projekte im Wissenstransfer initiiert.

4.2 Quellennachweise der Zahlen und Fakten

Kapitel 1: Neuer Umgang mit digitalen Daten

2019 wird der mobile Datenverkehr in Deutschland monatlich ein Volumen von 259,8 Petabyte erreichen – das entspricht etwa 272 Millionen Gigabyte.

Gurow L (2015) Zahlen, Zahlen, Zahlen: mobiler Datenverkehr in Deutschland wächst rasant. Cisco Blog Deutschland, 02.03.2015. gblogs.cisco.com/de/tag/mobiler-datenverkehr. Zugegriffen: 27.04.2016

Datensicherheit ist für insgesamt 78 Prozent der Unternehmen bei der Nutzung von Cloud Computing ein Risikofaktor.

Zentrum für Europäische Wirtschaftsforschung GmbH (ZEW) (2015) Industrie 4.0: Digitale (R)Evolution der Wirtschaft. IKT-Report: Unternehmensbefragung zur Nutzung von Informations- und Kommunikationstechnologien, Oktober 2015, S 2. ftp.zew.de/pub/zew-docs/div/IKTRep/IKT_Report_2015.pdf. Zugegriffen: 27.04.2016

64.426 Fälle von Cyberkriminalität zählte das BKA 2013 in Deutschland.

Bundeskriminalamt (BKA) (2014) Bundeslagebild Cybercrime 2013: Erpressung und Sabotage im Internet nehmen zu. BKA-Pressemitteilung, 27.08.2014. www.bka.de/DE/Presse/Pressemitteilungen/Presse2014/140827__BundeslagebildCybercrime.html. Zugegriffen: 27.04.2016

Die Datenmenge, die im Jahr 2020 weltweit erstellt, vervielfältigt und konsumiert wird, wird auf etwa 40 Zettabytes geschätzt.

Jüngling T (2013) Datenvolumen verdoppelt sich alle zwei Jahre. Die Welt, 16.07.2013. www.welt.de/wirtschaft/webwelt/article118099520/Datenvolumen-verdoppelt-sich-alle-zwei-Jahre.html. Zugegriffen: 27.04.2016

Das Speichervolumen eines menschlichen Gehirns wird auf 2,5 Petabyte geschätzt.

Jüngling T (2013) Datenvolumen verdoppelt sich alle zwei Jahre. Die Welt, 16.07.2013. www.welt.de/wirtschaft/webwelt/article118099520/Datenvolumen-verdoppelt-sich-alle-zwei-Jahre.html. Zugegriffen: 27.04.2016

Nur 44 Prozent des Webtraffics gehen direkt auf menschliche Aktivitäten zurück.

Zeifman I (2014) 2014 Bot Traffic Report: Just the Droids You were Looking for. Incapsula, 18.12.2014. www.incapsula.com/blog/bot-traffic-report-2014.html. Zugegriffen: 27.04.2016

Kapitel 2: Arbeiten und Lernen

27 Prozent der deutschen Unternehmen erwirtschaften mehr als 60 Prozent ihres Umsatzes digital.

Bundesministerium für Wirtschaft und Energie (BMWi) (2015) Monitoring-Report Wirtschaft DIGITAL 2015, S 86. www.bmwi.de/BMWi/Redaktion/PDF/M-O/monitoring-report-wirtschaft-digital-2015,property=pdf,bereich=bmwi2012,sprache=de,rwb=true.pdf. Zugegriffen: 27.04.2016

Der Umsatz der Sharing- oder auch Gig-Economy wird für das Jahr 2025 auf etwa 335 Milliarden US-Dollar geschätzt.

PricewaterhouseCoopers (PwC) (2014) The sharing economy – sizing the revenue opportunity. www.pwc.co.uk/issues/megatrends/collisions/sharingeconomy/the-sharing-economy-sizing-the-revenue-opportunity.html. Zugegriffen: 27.04.2016

Die Weltbank geht von weltweit 112 Millionen überwiegend in Teilzeit beschäftigten Crowdworkern aus.

Kuek SC, Paradi-Guilford CM, Fayomi T, Imaizumi S, Ipeirotis P (2015) The global opportunity in online outsourcing. The World Bank, S 23. www-wds.worldbank.org/external/default/WDSContentServer/WDSP/IB/2015/06/25/090224b082f89 22f/1_0/Rendered/PDF/The0global0opp0n0online0outsourcing.pdf. Zugegriffen: 27.04.2016

Die deutsche Digitalwirtschaft verzeichnete im Jahr 2014 einen weltweiten Umsatz von 221 Milliarden Euro.

Bundesministerium für Wirtschaft und Energie (BMWi) (2015) Monitoring-Report Wirtschaft DIGITAL 2015, S 6. www.bmwi.de/BMWi/Redaktion/PDF/M-O/monitoring-report-wirtschaft-digital-2015,property=pdf,bereich=bmwi2012,sprache=de,rwb=true.pdf. Zugegriffen: 27.04.2016

*Ein Industrieroboter kostet den Autokonzern Volkswagen je nach Einsatz und
Maschinenart im Schnitt rund 5 Euro pro Stunde; die Kosten für eine Arbeitskraft
liegen bei mehr als 40 Euro pro Stunde.*

Guldner J (2015) Sechs Euro pro Stunde für einen Roboter. ZEIT ONLINE,
16.04.2015. www.zeit.de/wirtschaft/2015-04/digitalisierung-industrie-roboter-han-
nover-messe/komplettansicht. Zugegriffen: 27.04.2016

*1.000 Mitarbeiter bei SoftBank Robotics produzieren bis zu 2.000 Roboter pro
Woche.*

Tobe F (2015) 1,000 workers produce latest batch of 1,000 Pepper robots. Robo-
hub, 12.11.2015. robohub.org/1000-workers-produce-latest-batch-of-1000-pep-
per-robots. Zugegriffen: 27.04.2016

*Big-Data-Analysen werden lediglich von 18 Prozent der deutschen Unternehmen
eingesetzt.*

Zentrum für Europäische Wirtschaftsforschung GmbH (ZEW) (2015) Industrie 4.0:
Digitale (R)Evolution der Wirtschaft. IKT-Report: Unternehmensbefragung zur
Nutzung von Informations- und Kommunikationstechnologien, Oktober 2015, S 4.
ftp.zew.de/pub/zew-docs/div/IKTRep/IKT_Report_2015.pdf. Zugegriffen:
27.04.2016

Kapitel 3: Lebenswelten und Wirtschafträume

*Durch die digitale Transformation der Industrie könnte Europa bis 2025 einen
Zuwachs von 1,25 Billionen Euro an industrieller Bruttowertschöpfung erzielen –
oder einen Wertschöpfungsverlust von 605 Milliarden Euro erleiden.*

Bundesverband der Deutschen Industrie e.V. (BDI) (2015) Die Digitale Transformation der Industrie: Was sie bedeutet. Wer gewinnt. Was jetzt zu tun ist, S 3. bdi.eu/
media/presse/publikationen/information-und-telekommunikation/Digitale_Transfor-
mation.pdf. Zugegriffen: 27.04.2016

*Die Digitalisierung der Industrie eröffnet Deutschland bis 2025 ein zusätzliches
kumuliertes Wertschöpfungspotenzial von 425 Milliarden Euro.*

Bundesverband der Deutschen Industrie e.V. (BDI) (2015) Die Digitale Transformation der Industrie: Was sie bedeutet. Wer gewinnt. Was jetzt zu tun ist, S 7. bdi.eu/
media/presse/publikationen/information-und-telekommunikation/Digitale_Transfor-
mation.pdf. Zugegriffen: 27.04.2016

Bei 1,7 Millionen Operationen mit Hilfe von Chirurgie-Robotern wurden 1.440 Menschen verletzt; in 60 Prozent der Fälle war dies auf eine Fehlfunktion der Maschinen zurückzuführen.

Rohwetter M (2016) Roboter vor Gericht. ZEIT ONLINE, 14.02.2016. www.zeit.de/2016/07/roboter-haftung-gericht/komplettansicht. Zugegriffen: 27.04.2016

Die USA gaben 2013 rund 39,7 Milliarden Euro (52,6 Milliarden US-Dollar) für ihre Nachrichtendienste aus.

Meister A (2013) Geheimer Haushalt: Die USA geben in diesem Jahr über 50 Milliarden Dollar für ihre Geheimdienste aus. Netzpolitik, 30.08.2013. netzpolitik.org/2013/geheimer-haushalt-die-usa-geben-in-diesem-jahr-ueber-50-milliarden-dollar-fuer-ihre-geheimdienste-aus. Zugegriffen: 27.04.2016

Die Innovationsausgaben der IKT-Branche in Deutschland lagen 2013 bei 15,1 Milliarden Euro.

Bundesministerium für Wirtschaft und Energie (BMWi) (2015) Monitoring-Report Wirtschaft DIGITAL 2015, S 14. www.bmwi.de/BMWi/Redaktion/PDF/M-O/monitoring-report-wirtschaft-digital-2015,property=pdf,bereich=bmwi2012,sprache=de,rwb=true.pdf. Zugegriffen: 27.04.2016

46 Prozent deutscher Unternehmen beauftragen externe IT-Dienstleister.

Bundesministerium für Wirtschaft und Energie (BMWi) (2015) Monitoring-Report Wirtschaft DIGITAL 2015, S 120. www.bmwi.de/BMWi/Redaktion/PDF/M-O/monitoring-report-wirtschaft-digital-2015,property=pdf,bereich=bmwi2012,sprache=de,rwb=true.pdf. Zugegriffen: 27.04.2016

2015 hatte Deutschland 30,7 Millionen Breitbandanschlüsse.

Verband der Anbieter von Telekommunikations- und Mehrwertdiensten e. V. (VATM) (2015) VATM und Dialog Consult stellen Studie zum deutschen Telekommunikationsmarkt 2015 vor. VATM-Pressemitteilung, 21.10.2015. www.vatm.de/pm-detail.html?&tx_ttnews[tt_news]=2042&cHash=79c8ee82fc926d6d72e1367501dc920a. Zugegriffen: 27.04.2016

5 Erratum für:
iit-Themenband, DIGITALISIERUNG,
Bildung/Technik/Innovation

(Hrsg.) Volker Wittpahl

Trotz sorgfältiger Erstellung unserer Bücher lassen sich Fehler nie ganz vermeiden. Daher möchten wir auf Folgendes hinweisen:

Auf **S. 59, S. 117** und **S. 191** wurde versehentlich ein falscher Hinweistext für Open Access eingefügt; den korrekten Text finden sie nachfolgend, die entsprechenden Originalpassagen wurden entsprechend geändert.

Open Access Dieses Kapitel wird unter der Creative Commons Namensnennung 4.0 International Lizenz (http://creativecommons.org/licenses/by/4.0/deed.de) veröffentlicht, welche die Nutzung, Vervielfältigung, Bearbeitung, Verbreitung und Wiedergabe in jeglichem Medium und Format erlaubt, sofern Sie den/die ursprünglichen Autor(en) und die Quelle ordnungsgemäß nennen, einen Link zur Creative Commons Lizenz beifügen und angeben, ob Änderungen vorgenommen wurden.
Die in diesem Kapitel enthaltenen Bilder und sonstiges Drittmaterial unterliegen ebenfalls der genannten Creative Commons Lizenz, sofern sich aus der Abbildungslegende nichts anderes ergibt. Sofern das betreffende Material nicht unter der genannten Creative Commons Lizenz steht und die betreffende Handlung nicht nach gesetzlichen Vorschriften erlaubt ist, ist für die oben aufgeführten Weiterverwendungen des Materials die Einwilligung des jeweiligen Rechteinhabers einzuholen.

Die aktualisierte Originalversion dieses Titels ist verfügbar unter:
DOI 10.1007/978-3-662-52854-9

V. Wittpahl (Hrsg.) *Digitalisierung,,*
DOI 10.1007/978-3-662-52854-9_5, © Der/die Autor(en) 2017